自慢

如何成为
一个有绝活的人

何飞鹏 著

菜 鸟 的 成 长 笔 记

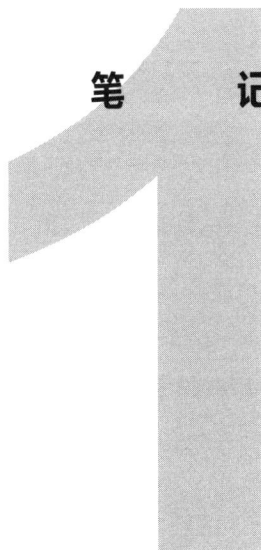

1

电子工业出版社·

Publishing House of Electronics Industry

北京·BEIJING

版权贸易合同登记号 图字：01-2018-3799

图书在版编目（CIP）数据

自慢：如何成为一个有绝活的人 .1 / 何飞鹏著 . —北京：电子工业出版社，2019.1
ISBN 978-7-121-34618-7

Ⅰ . ①自⋯ Ⅱ . ①何⋯ Ⅲ . ①成功心理—通俗读物 Ⅳ . ① B848.4-49

中国版本图书馆 CIP 数据核字（2018）第 142627 号

责任编辑：王陶然
印　　刷：三河市鑫金马印装有限公司
装　　订：三河市鑫金马印装有限公司
出版发行：电子工业出版社
　　　　　北京市海淀区万寿路 173 信箱　　邮编 100036
开　　本：720×1000　1/16　印张：18　字数：286 千字
版　　次：2019 年 1 月第 1 版
印　　次：2019 年 1 月第 1 次印刷
定　　价：55.00 元

凡所购买电子工业出版社图书有缺损问题，请向购买书店调换。若书店售缺，请与本社发行部联系，联系及邮购电话：（010）88254888，88258888。

质量投诉请发邮件至 zlts@phei.com.cn，盗版侵权举报请发邮件至 dbqq@phei.com.cn。

本书咨询联系方式：（010）57565890，meidipub@phei.com.cn。

>>>>> 作者侧写

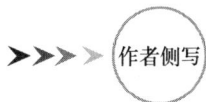

永远在寻找下一个挑战

——台湾《经理人月刊》陈芳毓

在台湾地区，城邦出版集团是个异数。单算杂志，城邦旗下的数十种杂志，横跨财经、商业、网络、女性、流行、理财、家居、运动、计算机、漫画等领域，是个不折不扣的杂志王国，更是台湾地区最大的杂志集团。单算图书，城邦旗下拥有商周、麦田、猫头鹰、格林等30多个出版品牌，每年出版1000多种新书，每年动销品种数量近万种，也是台湾地区最大的图书出版集团。

在台湾地区，每个人平均每年都会购买一本以上城邦出版的图书或杂志。城邦的出版物也销售到中国大陆和香港特别行政区，以及马来西亚、新加坡、美国等全世界有华人居住的地方。

➤➤城邦是全世界最大的繁体字图书杂志出版商

这个品类众多、规模庞大的出版集团，在20多年前只是个"小记者"的创业试验，这个"小记者"不愿意在大媒体集团里终老一生，因此开启了一段近乎爱丽丝梦游奇境般的创业之旅。

这个"小记者"正是何飞鹏，城邦出版集团现任CEO，早年就职于台湾《中国时报》。在《中国时报》号称"台湾第一大报"的时代，他是《中国时报》经济新闻小组的主管，掌管着所有财经产业新闻版面，也是台湾当时最知名的财经记者之一。何飞鹏访问过无数台湾地区知名的企业家：王永庆（台塑集团）、辜振甫（台泥集团）、吴舜文（裕隆汽车集团）……他也是台湾极少数从记者创业成功变身媒体集团负责人的典范。

在过去 30 年间，何飞鹏从 1987 年创办《商业周刊》开始，1995 年创办《PC home》杂志，同年合并商周、麦田、猫头鹰三家出版社成立城邦出版集团，一直到 2018 年为止，创下了台湾出版界的纪录，创办了将近 50 种杂志，更是在台湾出版过最多图书以及创立最多出版品牌的人——数千种图书及 30 多个出版品牌，都是何飞鹏带领他的团队，一点一滴打造完成的。

2001 年与当时的世界华人首富李嘉诚先生旗下的 TOM 集团换股，将整个城邦集团整合成一家公司，并入 TOM，何飞鹏又从创业者变成职业经理人，城邦集团的壮大高潮迭起，极具戏剧性，何飞鹏则一直扮演着故事的关键角色。

➤➤从热血记者到铁血老板

说起何飞鹏的创业故事，要从 1986 年的一个决定开始。

那时何飞鹏已在《中国时报》做了 4 年财经新闻主管，由于报社的影响力，他成了台湾企业界争相巴结的对象。新闻工作的呼风唤雨，让何飞鹏沉溺在权威的光环中，再加上待遇不错，要离开报社，简直是件不可思议的事。

但外表的风光，抵不过内心的呼唤。何飞鹏知道他人生最精华的时光（30~40 岁）将过一半，34 岁的他，如果再不做任何变动，那这辈子将终老于《中国时报》。

夜深人静、午夜梦回之际，何飞鹏问了自己两个问题。第一个问题："我还要继续在《中国时报》工作吗？"何飞鹏的回答是："是！"因为有钱有权，日子过得风光。但这也代表着要维持这样的生活水平，他这辈子就卖给《中国时报》了。

他再问："20 年后，我在报社会担任什么职位？"会成为报社老板吗？当然不可能，不过社长、总编辑、总经理等，他都可能做到，但何飞鹏没兴趣，因为这些职位都不安定。这些年来，他看过太多"领导"高高兴兴上台，凄凄惨惨下台，何飞鹏确定："如果我无法决定自己的去留，我这辈子都不会快乐！"于是，何飞鹏第二天立刻写了辞呈走人。做这个决定，他只花了 5 分钟。

➤➤很会做观察市场的新员工，却不会做主管

离开《中国时报》之后，何飞鹏在一本财经杂志《卓越》短暂担任总编辑，之后在第二年（1987 年）创办了《商业周刊》。

这并非何飞鹏第一次创业。早在大学时代，他就曾与家人开设"青年商店"（便利商店的前身），但他不会记账也不懂进货，创业处女航很快就触礁了。

第二次创业，何飞鹏 27 岁，他在老家天母创办《阳明山周刊》。当时他已是《工商时报》的员工，在工作与创业无法兼顾的情况下，未能逃脱关门大吉的命运。

第三次创业，何飞鹏 35 岁。当时的他干过记者、编辑、业务、出版等工作，已非"吴下阿蒙"，杂志社的运营模式又比报社简单许多。他自信满满，没想到却经历了此生磨难最多的创业之旅。

这次《商业周刊》的创业之举，让他在不到一年的时间里赔光了 1200 万元新台币的资本；第二年又集资 1200 万元新台币，结果一年之后又全数赔光。一次又一次的增资，何飞鹏和伙伴们借光了能借的钱，负债一度高达 1 亿元新台币。

"我们几个台湾第一大报的一流记者办的杂志，为什么会沦落到这步田地？"何飞鹏扪心自问。他赫然发现，问题的症结不在外部，而在内部，就在他这个不会经营的创办人身上！

"我很会做员工，但做主管却是个白痴！"何飞鹏回忆，创刊第二年，他拥有台湾当时最强的工作团队，但他却因为不会带人、不会理事、不会管钱，白白让团队在内斗过程中消耗、瓦解。

狠跌了一跤后，他恍然大悟：做员工和当主管，截然不同。记者何飞鹏凡事全力以赴，是个能"上马打天下"的好员工；但好员工没有经营管理经验，不会带领团队，是个不称职的创业者。打了天下却不懂"下马治天下"，他的

努力就显得不切实际、可笑而荒唐！

当何飞鹏发现这个残酷的事实时，巨额负债和沉重的责任，已让他无路可走。他只好死守《商业周刊》，决不放弃，每天过着"跑三点半"①、周转现金的日子，并且还要慢慢地改善内部的经营体制。

这样的日子整整过了 7 年，直到 1994 年，《商业周刊》出版社出版了一本狂卖 30 万册的畅销书，才为穷途末路的《商业周刊》带来了活水与转机。

▶▶不断观察市场的新契机

在《商业周刊》稳定之后，何飞鹏决定再次创业，因为他看到了"电脑学习大潮"已悄然兴起。

20 世纪 90 年代中期，电脑开始普及，正从办公设备逐渐变成家庭用电脑，这个趋势代表着有无数没学过电脑的成年人，要在短期内学会使用电脑。这就是"电脑学习大潮"。而当时市场上的电脑图书，都以专业人士为目标读者，他这个初学者，一本都看不懂！"一定还有很多人跟我一样！"何飞鹏立刻锁定"电脑初学者"市场，进行第四次创业，没想到获得了空前成功。

这一次何飞鹏的合作伙伴是才子詹宏志。1996 年，《PC home》第一期就卖出 15 万本，打破台湾地区杂志的销售纪录。之后，他们陆续创办了 20 多种电脑类杂志，奠定了台湾地区最大杂志出版集团的基础。同年，麦田、猫头鹰、商周三家出版社，结盟成城邦集团，后来又陆续创立了 20 多家出版社，形成了杂志、图书复合式经营的模式。

城邦集团建立在出版的"花园主义"之上——在这片出版的花园里，每个出版社都拥有独立的品牌和经营权，各自尽情绽放；但出版社借由横向策略联盟，建立共同制作、印刷、营销等平台，得以降低成本，应对外部竞争，就像希腊时代的城邦制度一样，这也改写了台湾出版业的游戏规则。

---

① 跑三点半：台湾地区的银行是下午三点半打烊，"跑三点半"就是四处周转借钱，再到银行结算，拆东墙补西墙，每天在银行关门之前把借来的钱打进去。

在全世界兴起网络热潮时，《PC home》杂志的品牌力也延伸到线上——设立的 PChome Online（网络家庭门户网站）一度成为当时台湾三大门户网站之一，现在则转型为购物网站，是台湾的上市公司。

➤➤成为台湾最大的出版集团

2001 年，是何飞鹏人生历程的转折点。李嘉诚旗下的香港 TOM 集团，以 25 亿元新台币并购了整个城邦出版集团及电脑家庭出版集团（TOM 集团母公司是和记黄埔集团及长江实业集团）。

这笔交易，虽然让何飞鹏从无法辞职的创业家，回归为职业经理人，但也让他首度见识到巨型跨国企业是如何用健全、严谨的管理系统降低决策错误风险、提高经营效率的。

49 岁前的何飞鹏，是朵长在野地里的花。他只靠天生的勇气和胆量，抵抗环境的诡谲多变和风雨摧残，建立了城邦集团的制度与运营模式。和记黄埔集团强调 "check & balance"，信任职业经理人，只管住财务、法务，强调预算制度，一切按预算执行，稍有差异就彻底检讨，如此一来，即能确保旗下子公司的运作正常化。并入李嘉诚集团后，何飞鹏的管理眼界大开。

➤➤管理，让畅销书照计划赚钱，使理想书照计划赔钱

何飞鹏的管理启蒙，也来自许多台湾本土的企业家，其中包括台塑集团创办人、经营之神王永庆、王永在兄弟。在何飞鹏担任记者时期，就与王永庆有过无数次的深度访谈，台塑集团追根究底的精神和精准的执行力，也成了何飞鹏一生信奉的管理法则。

有一次，刚学会打高尔夫球的何飞鹏与台塑集团的王永在总经理吃饭。王永在说："何先生，欢迎你到我们的长庚球场打球！"何飞鹏只当这是饭桌上的一句闲话，并没当真。几个月后，何飞鹏与朋友去长庚球场打球，他在柜台登记簿上签名，柜台接待人员把他的名字输入电脑后，立刻站起来说："何先生，您是

我们的贵宾！"台塑集团的精准贯彻，让何飞鹏叹为观止。几个月前饭局上的一句闲话，竟然能从组织的最高层，一路落实到最基层，让客户感受到意想不到的服务！

精准的执行效率，从此成为他念兹在兹的追求。

《自慢》（《自慢：社长的成长笔记》）出版后，何飞鹏从鲜为人知的媒体经营者，跃居为上班族熟悉的畅销书作家。这是他生平第一本著作，谈的都是最基本的工作态度，却得到广泛反响，成为 2007 年台湾经管书销售冠军。让何飞鹏最有成就感的，并非作品大卖，而是他发现台湾的职场氛围，并非如他想的那般急功近利、趋炎附势，兢兢业业、本本分分做事，也能得到认同。

除了纸质出版，何飞鹏也不断在网络世界寻找新的事业机会。有一次，他跟一位年轻创业者相谈甚欢，决定由集团出资投资。但细谈后却发现，这位年轻人竟是自己的远房亲戚，为了避开"瓜田李下"之嫌，他决定改用私人资金投资。他谨守母亲的教诲，不因换了身份地位而懈怠。

创业 30 年来，何飞鹏始终在"文人"和"商人"的角色间，小心地保持平衡。他不喜欢被唤"CEO"或"董事长"，最爱的头衔是"总编辑"，那代表着对他专业的尊重。过去，他的办公室从没有多余摆设，连办公和会议桌椅，都是捡其他办公室剩下的；虽然近几年重新装修了，但柜子里摆的、桌上放的，不是杂志，就是书。何飞鹏相信，东西能用就好，人无须靠物质、头衔来装点门面，你自己有几分实力、是什么样的人，方寸之间自有定论，虚假不得。

➤➤何氏领导风：霸气、草莽、好强、幽默、海派、负责

员工喜欢、尊敬他，不是因为他的头衔，而是他独特的何氏领导风格。

尽管写得一手好文章，何飞鹏的形象和传统"文人"天差地别。他的外表和性格不见秀气斯文，反而有着创业者的粗犷坚毅，倒像个江湖上的大哥。他是滚滚红尘里的文化人，也是穷酸文人中的精明商人。

在他的观念里，员工可能会帮公司赚钱，也可能让公司赔钱；他不介意员工做错事，却恼怒员工不改坏习惯。

2008年5月间,何飞鹏的博客《社长的笔记本》里出现一则留言,标题为"五年后的忏悔信,现在的我,才懂当时的您"。这名员工当初由于跟上司理念不和,因而申请转调部门,并对何飞鹏当时的处理方式感到不满,多年后她才对自己所犯的错误和疏忽恍然大悟。

何飞鹏是非分明的个性,让员工愿意对他说真话,即使在会议上为了专业问题而讨论到互相拍桌子,也不用担心他会"秋后算账"。何飞鹏脾气来得快去得也快,若是自己不对,也能放下身段,认错道歉。

何飞鹏曾在集团内颁下一条"法令":开会迟到者,必须90度鞠躬,自报部门、姓名与迟到原因,向其他与会人员道歉。没想到规定颁布没多久,何飞鹏自己就迟到了。

只见这位CEO走进会议室,深深地鞠了个躬:"我何飞鹏……"话没说完,同事们就半开玩笑地起哄:"没有90度!"为了不让头撞到桌子,何飞鹏立刻后退一步,重新行了个90度鞠躬礼。

➤➤人生,不该只有安稳上果岭

即使已坐上台湾地区最大出版集团CEO的宝座,何飞鹏也绝对弯得下腰、开得起玩笑,一如30年前那个痴痴傻傻的"小记者"。因为他这一生,工作、创业,不是为了名位和权力,而是为了乐趣,为了好玩!

他形容人生就像打高尔夫球,稳定地开球、上果岭、推进洞,就毫无乐趣可言了!最好有一些波折,打进树林,落进水塘,陷进沙坑,最后经过努力,排除困难,力挽狂澜,这才是有趣的人生!

而何飞鹏从不准备停下来,"还在寻找下一个好玩儿的目标"。

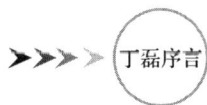

自慢者没有"天花板"

——丁磊（网易公司创始人）

在成为老板之后，经常有人问我，你欣赏什么样的员工？

我的答案 20 年来一直没变，即有激情和专注的员工。他们对自己从事的事业充满激情，并且专注其中。对于网易的游戏开发团队，我会希望其中的每个员工都要热爱游戏，做游戏的热爱者。做网易云音乐的小伙伴也是，很多人自己就是专业的词曲作者，或小有名气的古风歌手。我非常相信，只有真正热爱一件事，一个人才会有兴趣钻到里面，想方设法突破"天花板"，让自己和公司站得更高，看得更远。

这个社会需要一大批专业人士，每个人都需要一个"自慢"的绝活，这是我和飞鹏之间的共识。飞鹏是个非常专业的出版人，在台湾出版业打拼 30 多年，触角之多、成就之高，恐怕极少有人能企及。这几年，出版业面临很大挑战，他仍苦心经营，未言放弃。我觉得，他就是一个不折不扣的"自慢者"。

这套"自慢三书"，是飞鹏搭建出来的一个帮助普通人接近成功的模型，期望教你追逐"自慢"、学习"自慢"、实践"自慢"，成为一个成功的员工。你会发现，他所谈论的都不是远在天边、遥不可及的顶层管理学，而是日常的场景和通用的法则；他所观察的也非夺人眼球的新现象、新道理，而是诚信、努力、情义、公平、本分……这些基本的人性。

创业 20 多年来，我接触过很多人，包括成功的、不成功的和渴望成功的人。

我发现，中国人对成功的看法是非常矛盾的。大家很渴望获得一种"速成的"成功，所以我们看到"成功学"成了出版界难以舍弃的一门大生意。但同时，大家又认为这种期望不太现实，所以喜欢将成功的路径渲染得深不可测，而忽视了日常的力量。成功的关键，原本就是那些最基本的道理。

这些道理，渗透在一个人日常的言谈、处事和每时每刻的思考中。它们既细微又绵长，最后统统装进我们头上那颗不过重1400克的大脑中。所以，我觉得，一个人想要接近成功，就要尽量去接近那些成功者的大脑，去接近他们的日常生活，模仿他们的态度，学习他们一点一滴的思考方式。

"自慢三书"的价值，或许就在于此。它不会让你的脑子变得更聪明，但会让你用更聪明的方式去工作。它可以帮你关注日常，重视日常，培养"自慢"，实践"自慢"。

你可能会因此更认可"一万小时定律"，因为"自慢"是永不停歇的反复练习。你会发现，德国人的刀具、日本人的电器、印度人的地毯、中国人的茶叶，这些东西之所以拥有顶尖的品质，正是因为它们无一不倾注了"自慢者"毕生的苦功；你也可能会更相信经验而非天赋的效用，因为"龟兔赛跑"的结局如若不是天定，那一定是乌龟用对了方法、吸取了教训，才跑赢了兔子；你还可能会更痴迷"小步快跑，快速迭代"的互联网哲学，因为对"自慢者"来说，永远没有"天花板"，只有"星辰大海"。每个"自慢者"都是一个敏捷开发的产品，想要与世界这个超级系统兼容共振，就要不断升级迭代，让自己逼近完美。

因为看了这本书，因为实践"自慢"的哲学，你可能会得到一份更理想的工作，可能会对人生有更深入的理解，也可能一切如故。但如果能有幸见证你从1.0版升级到2.0版，那就是这本书所能达成的最大价值。

一个快乐大哥的职场私房话

——吴晓波

▶▶ 一

我管何飞鹏叫何先生。

这不是客套，而是一份敬意：他是出版界的前辈，而且是我特别赞赏、难得的性情中人。

我第一次见他是十年前，《激荡三十年》的中文繁体字版即将付印，在台北书展的发布会上，远流出版社的人告诉我，请了一个"大咖"来助阵。话音未落，一位满头白发的中年人就一跃跳到了台上，"劈头盖脸"地对我一阵夸奖。

我脸上的红晕还未消去，他已经跳下讲台站到了我的身边，用很欢快而直接的口气对我说："我是何飞鹏，你的《大败局》签掉了没有？可不可以给我？"

何飞鹏是台湾地区最大的出版集团（城邦出版）的老大。

就这样，他把我从远流出版社一把抢走。从此以后，我把几乎所有版权输出到台湾地区的图书都交给了城邦。

▶▶ 二

何先生跟我一样，是记者出身，干了几年，手痒"下海"，做起出版，从此一发不可收拾。他为人豪爽，身段柔软，因而交友遍天下。我后来认识的台湾朋友，大多数都是他介绍的，而我吃到的台湾好馆子，也半数是他领我去的。

别看何先生一头白发，其实很有欺骗性，因为那是少白头。在他的心里一直住着一个顽童。我跟他在一起，谈正事少，说八卦多。2016年，《吴晓波频道》包下一艘邮轮搞社群狂欢节，来的大多是"80后"，没想到在邮轮上居然遇见了何先生和他太太——他们悄悄报了名，不亦乐乎地玩了好几天。

城邦在我的书上赚了多少钱，我不知道；不过很快，我就让何先生亏了一笔钱。

城邦在台湾地区不但图书出版第一，而且是最大的杂志发行商，何先生旗下有数十本杂志，除了名气最大的《商业周刊》，我最喜欢的是《经理人》杂志。

有一年，我向他提议，大陆的经理人群体刚刚兴起，而且缺乏一本好的管理、职场类杂志，可否把中文繁体字版《经理人》引进到大陆。何先生一拍我的肩膀，就这么定了。

然后就有了《蓝狮子经理人》杂志的诞生，我跟何先生联手入股。为了杂志的刊号、发行等事，何先生煞费了一番苦心。

很可惜的是，这本杂志生不逢时，上佳的卖相和内容赶上了互联网的低潮，仅仅一年，就把注册资本赔光了。从此，我转战新媒体，而何先生则关注数字出版和网上书店。

➤➤三

除了是一流的出版人，何先生还是一位畅销书作家。他的成名作，也是发行量最大的，就是此次出版的《自慢》系列。

这一套书文风平实朴素，满篇尽是谆谆之语，用真实职场的体验和案例，举重若轻，讲出了深刻的道理。比如在最开头的一小节，就用"工作像蚂蚁，生活像蝴蝶"来比喻一个初入职场的年轻人应当有的心态，其用语简单，却极为精准。

"自慢"一词在汉语词典中寻觅不到，我原本以为是何先生的发明，意思是慢工出细活，一种"与众不同的背后，是无比寂寞的勤奋"式的格言，后来他告诉我，此词来自日语，形容自己最擅长的事，意思是未必比别人更好，但绝对是自己最自信、最有把握的事，大有在自己的能力范围内做到极致的意味。

不论是原意，还是曾被我误解的意思，都指向了大致相似的目标，以此来形容职场应当有的态度，再适合不过了。

在"自慢"的主题之下，每一册都各有其精髓。

第一册，讲的是初入职场的工作心得，既有观念态度、成长经历、专业方法，又有职场关系和职业生涯的抉择。

第二册，总结管理心得，讲的是如何用人和管理团队，以及做主管常遇见的问题。

第三册，讲的是创业心得。多年以来，我见过数不胜数的创业者，自己创办出版企业和自媒体的时间也超过了十年，深知创业若无对事业爱之浓烈，则难有令人满意的结果，非得"以身相殉"不可。

大凡有所成就的人，其职业生涯，都有共通的轨迹，许多时候也是摸着石头过河，会有面临难以抉择的时刻，并最终闪耀而出。这其中，某些态度、特质、价值观和执行力，是这些人所共有的部分，也是不容易变化的部分。

"自慢"，就藏在那些不变之中。

今天有机会为何先生的书作序，对于我来说，实在是荣幸和开心的事，因此，我又多了一次与老大哥亲近的机缘。

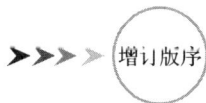

一心自慢任平生

——11 年全新增订版告白

自从 2007 年，我的第一本书《自慢：社长的成长学习笔记》（以下简称《自慢》）出版之后，我就展开了一段自慢人生的奇幻之旅。无数的读者与我同行，在人生路上，与我互动交流，分享实践自慢的心得。

我的一位朋友打电话给我，要买 3 本《自慢》，还要求我亲笔签名，并落款给他在国外的 3 个孩子。他告诉我，《自慢》是年轻人进入社会前最佳的人生读本，他要他的孩子仔细研读，并身体力行地去实践自慢。

后来他的孩子和我成了在线的社群朋友，经常与我聊天，并分享工作上的心得。

有一次我搭乘飞机出国，在飞机上被旁边的乘客认出来。他说他买了我的书，并完全信赖我在书中所写的人生智慧。每当他对人生感到迷茫时，就会翻看《自慢》，自我调整。他还告诉我，无论遇到什么难题，他都可以从书中找到答案，《自慢》成了他的人生指南。

许多老板复印我书中的内容，给所有的员工做参考。有一次我去一家世界知名的高科技公司演讲，上洗手间时，发现每一间厕所门上，都张贴了我的一篇文章。当时，我心中五味杂陈，实在是哭笑不得。

更多的读者，与我在演讲场合、马路上、餐厅中、商场里偶遇，总有人紧握着我的手，告诉我，他从书中得到启发，从此改变了对人生的看法，走出了艰难的困境……

我经常自我勉励，只要有一个人因我的书而改变，走上更宽广的道路，我就心满意足了。这 10 年来，《自慢》已经有数十万人购买，这些读者都是我自慢人生的同行者，感谢你们。有你们同行，真好。

➤➤ 自慢人生哲学

《自慢》虽然是许多单篇文章的结集，每篇文章都包含一个故事、一份感悟，以及简单的逻辑说理，但是全书表达了我对人生的看法，有一套隐然成形的自慢人生哲学。

这套自慢人生哲学从一个员工的角度出发，阐述了如何成为一个成功的员工。而成功的员工包括几个要素：工作快意、自在潇洒、自我实现、傲人成就、收入丰厚、财富自由。自慢人生哲学可以帮助你成为一个成功的员工。

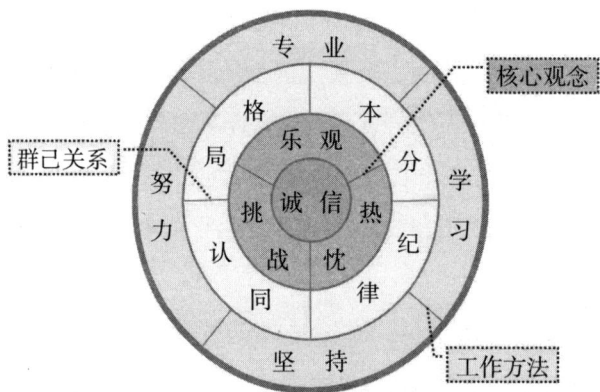

我的自慢人生哲学包括四个同心圆。

（1）最内的圆圈是为人处世最基本的信念：诚信，人生一切都从诚信开始。

（2）第二个圆圈是核心观念，包括三个核心价值：乐观、热忱、挑战。每个人都要正面看待人生，对任何事都要抱有乐观的心态，相信明天会更好；每个人做事也必须带着极大的兴趣，积极投入，要有热忱之心；每个人也要相信自己能够完成艰难的任务，对任何事都要勇于挑战。

（3）第三个圆圈是群己关系，重点在于个人与外界的互动，包括四个核心价值：本分、纪律、认同、格局。

本分是对自己的身份及地位的清楚把握，知道什么能做、什么不能做，知道自省，进退有度，这也是群己关系的基本态度。

纪律是在团队中互动的基本态度，要遵守团队的规则，要完成团队交付的任务。

认同则是每个人对自己所在的组织，要百分之百地认同，要有归属感，要视组织为自己的，全力以赴为组织工作。当然，如果组织不值得我们"卖命"，那就离开它，找一个值得我们"卖命"的组织。

最后一个群己关系的核心价值是格局。一个组织中的员工，其目标一定是成为主管，这样才能做更大的事，有更大的成就。而成为主管的必要条件就是要有格局，这样才能容得下所有的人，以天下人之智为己智，以天下人之能为己能，才能成就不凡功业。

（4）自慢人生哲学最外层的一个圆圈是工作方法，说的是一个人在职场中如何有效率地工作，以及需要具备的能力，包括四个核心价值：专业、学习、努力、坚持。

专业指的是每个人都要拥有一种特殊的能力，可以靠此能力贡献社会，并赖以生存。每个人拥有的这种能力一定要胜过其他人，成为该行业的佼佼者，这样才能获得最高成就。

学习则是一种态度，让每个人可以与时俱进，不断地增强自我的能力，探索新事物。任何时间、任何地点、任何事物，都可以开展学习，人生因学习而丰富，因学习而成长，因学习而改变。

第三个工作方法是努力。做任何事都要全力以赴，务必把事情做到极致，得到最高的成就。努力的人可以长时间忘我地工作，可以不眠不休地投入，即使身心俱疲，都不以为苦。

最后一个工作方法是坚持。一旦下定决心，就不达目的，誓不罢休。不论遇到任何艰难险阻、痛苦折磨，都要坚持到底。只有坚持到底的人，才能得到最后的成果；只有坚持到底的人，才能得到异于常人的成就。

我努力地遵循以上这12个核心价值，却也不时要面对各种挑战，一路走来，惊险万分。

➤➤定风波的彻悟

50岁以后，重读中国古文，是我闲暇的乐趣，有一次读到苏东坡的一阕词：

定风波

莫听穿林打叶声，

何妨吟啸且徐行。

竹杖芒鞋轻胜马，谁怕？

一蓑烟雨任平生。

料峭春风吹酒醒，微冷，

山头斜照却相迎。

回首向来萧瑟处，归去，

也无风雨也无晴。

如果把苏东坡在沙湖遇雨时所描写的情景，转换一下，改为人生境遇，也有异曲同工之妙。人生总会遭遇各种风雨，经历各种磨难，我们又何以自处呢？

苏东坡雨时自况，有竹杖、芒鞋在身，步履轻快，完全不在意穿林打叶的雨声，虽无雨具，同行者皆狼狈，只有他一蓑在手，平生潇洒，也无风雨也无晴。

我的体悟是：人生风雨无时无刻不存在，无法规避，只能面对。苏东坡有竹杖、芒鞋、蓑衣，更重要的是心境淡然，不为所动，而人生中若心有盲点，蓑衣何在呢？

我的自慢人生哲学或许就是答案！

我最核心的自慢人生哲学是：拥有一项自慢的绝活，只要我们拥有一种别人做不到、只有自己才会的绝活，就可以靠此绝活安身立命，不愁吃穿地过一辈子，我们又何必担心人生的起伏呢？

正是：有自慢绝活，轻松自在过一生。

如果在自慢绝活之外，再加上为人诚信、态度乐观、勇于挑战、自律严谨、进退有度、为人本分、气度非凡、格局宽广、全力以赴、持续学习、永不放弃、坚持到底这些特质，那绝对可以成就不凡的人生。

所以我改了苏东坡这阕词中的一句："把一蓑烟雨"改为"一心自慢"，"一心自慢任平生，也无风雨也无晴"。自慢的人生仍不免有风雨，只是当我们有自慢随身，一切风雨都可轻松安度，自然也不觉风雨的存在。

我把这两句话，作为自慢人生最简明的写照。

▶▶ 11 年最完整增订版

11 年前，《自慢》第一册出版时，是我专栏文章的结集，颇有"写到哪儿算哪儿"的意味，严格说来，对人生的批注是不全面的。而 11 年来，我持续写作，对人生的感悟也愈加深刻。现在看当年那本不全面的书，难以入眼，所以我下决心修订，把 11 年来的文章，重新整理，又增加了 20 多篇，仍沿用原书的章节，把这些新的文章归入其中，这才是完整的自慢人生吧！

这是一个自我学习与对话的过程，从自慢的观念态度、成长学习、专业方法、职场关系、生涯抉择，到自慢私房学，每一篇都有真实的场景、故事、犯错过程，以及真实的感悟。我不知道这是不是最聪明、最正确的想法，但这绝对是我最真实、最诚恳的告白。

已有数十万人买过《自慢》一书，我不敢奢望能得到更多读者的关注，只想给读者一本我认为更加全面、完整的书，一份野人献曝之心罢了！

一个人的自我学习对话

一个平凡人，完全依照社会所提供的现成路径，摸索前进：小学、中学、大学；读书、毕业、工作；学习、反思、改进；危机、挫折、转机。所幸没有被人生的波浪淹没，现在看起来还有机会在激烈的竞争中全身而退！

这就是我——一个不愿成为公务员，只好闯荡民间企业的工作者，从员工出发，为了生存，努力工作；慢慢追随着组织安排的步骤，一步步向前迈进。顺利但不代表没有波折，学习、犯错、调整、改进；再学习、再摸索，最后慢慢找到答案。从员工、小主管、高级主管、决策者，到创业者，我几乎历经了所有的层级以及组织中所有可能的职位。

媒体是我的工作舞台，创办《商业周刊》让我更深刻地体会到企业经营与职场工作的互动；从不间断的专栏写作，让我仔细地咀嚼、反思工作上的一切。最近几年，我放弃了对总体经济的分析、评论，回归个人、工作、学习成长、职场生活体验的分享。或许是因为读者厌倦了社会的混乱，这个专栏得到了很大的反响，我与自己成长和学习的对话，成为大众读者讨论互动的题材。

经过一段时间的调整，我的专栏逐渐找到"标准作业规范"。首先，每一篇文章都从一个具体的场景开始，也许是一个故事、一个说法，或者是一个办公室短剧；其次，导入我的观点、对策，有些还有步骤、方法；最后，提出我个人的建议，得出我的结论。

每一篇文章的背景都是真实的，都是我与同事、朋友间实际发生的事情，但经过修饰，以免对号入座，引起困扰。其中的观念、想法、架构、逻辑，都是我深刻的体验，也是我内心不断自我探索、对话的结果。我手写我口，我口说我做，我做源于我思、我想，而我想则反映了我长期以来的学习与改变，这一切，充满了我原创的"何氏风格"。

原创指的是表达形式，但核心概念、价值观，我事后看来，毫无创新之处，都是最基本的社会价值观，也是一般人耳熟能详、接近"八股"的原则与态度，例如乐观、认真、坚持……

这证实了我是个平凡的人，我用自己的体验，重新批注了每一个人在工作、待人、处世、生活上共通的价值观。或许是因为我诚实，愿意打开内心世界与大家分享，也或许是因为内容具有实用价值，所以读者给了我一些掌声。

现在，我把这些体会结集、整理，重新呈现，其实是想给自己留存，并不敢期待能给读者带来更多启发，就允许我这个平凡人，再做一次让自己感觉良好的事吧！

➢➢ "自慢"是什么？"自慢"的意义何在？

书名中的"自慢"两个字是日语的中文翻译，指的是一个人最拿手的事情。最常见的用法是餐厅贴出的宣传文案——"味自慢"，表示某道菜是餐厅厨师最自信、最有把握的绝活。这种说法与我的工作哲学吻合，因此"自慢"成了我这本书的书名。

我对工作的想法是，每一个人存在的价值是因为他有一种能力，或特长，或专业，十分自信，很少有人能比。每一个人用这种能力服务他人、效力公司，赢得认同、赢得尊敬，也赖以安身立命。

这正是"自慢"的意思。每一个人都要找到"自慢"的绝活，努力学习"自慢"的专业。在现代职场上，每一个人都用"自慢"的专业提供服务、相互满足，"自慢"形成每一个人的核心价值。

我进一步体会"自慢"的含义，其背后的意义发人深省。

第一，"自慢"隐含了一个人一辈子的承诺及追求，才有机会形成自己最拿手的"自慢"。"自慢"是每个人一生的荣誉，也是心灵的认同。

第二，"自慢"要经过追根究底的研究、学习与永不停止的反复练习才能形成，那是毕生的苦功。

第三，"自慢"是自己最拿手的绝活，是"压箱底"的功夫，但并没有骄傲自大的意思。展现"自慢"，是期待呈现完美的自己，让别人得到最大的满足。

如果我这些体会没错，"自慢"不就是完美人生的形容词吗？我们之所以努力，就是要找到自己的定位，自己的价值，服务他人，奉献社会，同时也找到自己安身立命的生存方法。"自慢"隐含了所有的意思，我们一辈子追逐"自慢"、培养"自慢"、挥洒"自慢"、奉献"自慢"，用"自慢"连通外在世界，也用"自慢"彰显我们的价值。

我一辈子都在努力学习"自慢"。

➤➤ 妈妈的身影，妈妈的身教

这本书虽然是我与自己之间的学习和对话，但有许多基本的核心价值，并不是我原创的，那是来自我妈妈的身教。

我6岁丧父，父亲没有留下财产，只留下债务，还有8个未成年的孩子，我是老六。这个场景出现在几十年前的台湾，其辛苦可以想见。妈妈巧手做裁缝，用双手养活我们。

妈妈忙到没空给我言传，但身教却每天都在进行。

直到现在，每当我午夜梦回，还能听到妈妈踩缝纫机的声音。那是小时候伴我入睡、半夜吵醒我的乐音。妈妈全力工作，教我的是全力以赴；妈妈不向命运妥协，教我的是永不放弃。

我没见妈妈哭过，印象中只有她扭头离开与转过脸去擦眼泪的样子。不管日子多苦，妈妈总是用工作、用行动活下去。她没告诉我要乐观，但她一直都相信明天会更好。在妈妈身上我学到了坚强、坚毅、乐观、正面思考。

妈妈还让我知道上天是公平的。她30岁以前是少奶奶，父亲事业飞黄腾达；但40岁以后，她的生活开始落魄。她常笑着说："好日子过完了，现在轮到坏日子，没什么好怨的。"我承袭这种看法，相信上天会按我的作为处罚我或回报我，要相信公理正义，终将彰显。

妈妈是个小老百姓，她没教我要道德高尚，但"细竹枝打出我的守本分"（见《乡下人的矜持》一文）。看到现在的社会，我知道守本分有多重要。

还记得小时候家里有许多父亲留下的珍稀物品：旧钞券、龙银、犀牛角等。长大后，这些东西都不存在了，因为亲戚朋友有需要或喜欢的，妈妈就送人了。妈妈告诉我们："有度量就有福气，身外之物别斤斤计较。"我不认为自己大方，但我期待自己不要小鼻子小眼睛（小气）。在度量这件事上，我从妈妈身上得到了启发。

妈妈现在已不能和我对话，但想起她坚毅的脸庞，我知道我身上流着她的血液，有着她的性格、她的基因，我也从未背弃她的坚持、她的想法。

➤➤老板是伙伴，不是敌人

有读者认为，我是公司的说客、老板的打手，写的都是要员工配合公司，好好给老板打工。

我不否认我有这种想法，但绝对不是说客或打手。我认为现在的社会就像一场F1赛车比赛，公司、老板、员工组成一个赛车队：公司是赛车，是载体；老板是赛车手；而员工组成协作团队。员工与老板团结一致，都未必能在竞争中胜出，如果互相嫌弃、斗争，那么不仅会输掉比赛，还会发生碰撞，所有人都将粉身碎骨。因此，员工应信赖最亲密的伙伴——老板，也要对公司有信心，基本态度是认同与合作，而不是怀疑与斗争。

当然，如果公司为富不仁、老板心术不正，怎么办？事实上，员工与公司及老板是对等的，不只是公司选择员工，员工也选择公司，对坏公司、坏老板，员工可以用"脚"投票，远离他们。老板缺乏好员工，众叛亲离，他们很快就会被淘汰。离开是员工对付坏老板的方法，而不是留在公司抱怨、怀疑、消极抵抗，成为公司里的深宫怨妇与边缘人。

因此，我的职场策略是：认同公司，相信老板，全力以赴，成为公司的"主流派""执政党"，用最好的绩效，在市场竞争中胜出，让公司赚到更多的钱，个人也因而升职加薪。这是个人在公司中的最佳状况，也是职场关系的良性循环。如果无法在公司中获得认同，成为"主流派"，那就要义无反顾地离开。公司中的"小媳妇"是可怜而痛苦的，尽早离开去寻找认同你的公司与老板，而不是留在原地哀怨、愤怒、不作为，那样只会加速你成为被公司淘汰的人。

当然，要成为老板的伙伴，有一个重要的前提，即你是一个"自慢"的员工，能力强、条件佳，你的选择多，有谈判筹码，公司要依赖你赚钱，但这时候你也不能自以为是（见《菩萨的礼貌》一文），与公司和老板形成鱼水和谐的伙伴关系是最高境界。

在面对公司和老板时，我还有一个核心观念，就是"站在老板的角度思考，站在公司的立场工作"。当我们知道老板在想什么时，老板会变成容易应付的人（见《要五毛，给一块》一文），工作会轻松愉快。当然如果我们有心，很快就能学会老板应该具有的所有能力，很快我们就会当老板了，那是另一种境界。

无论我是如何正面看待公司、老板的，我都认为要用最和谐的态度去应对他们。但无论如何，我还是站在员工的立场，我要让所有的员工知道，老板是另一种人，他们想的和员工想的不一样。知道公司和老板在想什么，当员工与老板的利益发生冲突时，才能够知己知彼，百战百胜。

➤➤ 冒险精神，自己慢慢培养

在本书中，读者应该可以体会到我字里行间的冒险精神，我一直在用积极进取、迎接挑战的态度在工作，在面对改变。

这是我的个性使然。我全身充满了冒险的血液，安定的日子过了三天就开始厌烦，同样的事情多做几次就感到无趣。面对改变，我眼睛发亮；面对困难、挑战，我斗志昂扬。

这种特质是天生的，但也可以在工作中慢慢培养，尤其当我们面对新事物时，这种特质非常重要。

学习是我们一生中最重要的特质，"自慢"无法天生，全靠学习完成。而面对新事物时，学习又是探索未知的关键，这时候冒险精神、喜好改变，就是学习背后的引擎。培养冒险精神恐怕是每一个想养成"自慢"的员工不得不面对的问题。

不得不冒险进取，还有一个重要原因：在现代社会中，没有轻松过日子、简单生活的可能，轻松就会被淘汰，轻松就代表收入少，收入少就代表失败，也就是现实生活欲求不满。每一个人在职场中，都是过河卒子，只能勇敢向前。

只要在公司，你不可能放慢脚步、轻松地过生活，因为这样会连累组织丧失竞争力、经营不善，公司容不下放慢脚步的人。想放松只有一个方法，成为自由职业者，离开公司，回归田野，自己过生活。

本书中有许多篇文章，都在探讨这个问题。我不反对选择轻松过生活，但在企业中是不可能的，不但不可能轻松，每个人还要冒险进取、迎接改变。

➤➤学习的现在进行时

当我整理完所有的内容，我忽然害怕起来，因为书中有许多的说法，连我都没有完全做到，或许应该说，所有的内容都是学习的现在进行时，我正在走近这些观念、价值的途中。

我应该这样说："自我的学习与对话，永无止境，不会完成，只会接近。当我们有心，当我们愿意开始，我们就在成长的途中。"

我早开始了几步，这是一张方向指示图，欢迎大家一起来！

► ► ► ► ► 目录

目　录

Chapter 1　自慢的观念态度 ·············· **001**

一个人拥有这些正确的观念与态度，
不见得能立即成功；
但是如果缺乏正确的观念与态度，
就算一时幸运，
终究还是会被打回原形，难逃失败。

Chapter 2　自慢的成长学习 ················· **053**

无所不在的学习，
描述了我一生的学习态度与方法。
也是我这辈子获得一些成就的
真正的关键原因。

Chapter 3　自慢的专业方法 ·············· **093**

经过不断尝试后，
我自己找出许多工作的方法，
这些方法是不是最好的，我不知道，
但这是我最自慢的方法。

Chapter 4　自慢的职场关系 ·············· **133**

假设自己就是老板，
义无反顾、全力以赴、相信公司、认同老板，
变成老板的好伙伴，成为公司的核心团队成员，
我撑起公司的半边天，为什么要怕老板？

Chapter 5　自慢的生涯抉择 ……………………………… **167**

我永远充满"野性的斗志",
只要我想要,不达目的,决不终止。
当然,无论面对多么困难的情境,我绝对不会放弃,
这些都是我相信的事,伴我度过人生中的每一次转折。

Chapter 6　自慢私房学 ………………………… 211

这些私房体悟，充满着我个人的感受，
其实我也不太明白它们是否具有学理基础，
但至少我的人生实践证明它们是正确的，
姑且称之为"自慢私房学"吧！

Chapter

自慢的观念态度

1

一个人拥有这些正确的观念与态度，
不见得能立即成功；
但是如果缺乏正确的观念与态度，
就算一时幸运，
终究还是会被打回原形，难逃失败。

人为什么会成功，又为什么会失败？是因为个性、因为能力、因为机遇……还是都有关系？对我而言，这些都是，也都不是，我是"唯心论"者，我认为一切都取决于内心的想法、观念，以及因为这些想法、观念，投射到具体的事物上所形成的态度。

举例而言：如果你认为这个世界是公平的，只要努力，必然会有回报，那么这是观念，因此你做事的态度是健康、乐观的，全力以赴、永不放弃；如果你认为天下无不劳而获的事，那么这是想法，因此你不会想抄近路、走捷径，想赚容易赚的钱。

我还发现，所有正确的观念、正确的态度，几乎都是人类最基本的原则：诚实、努力、认真、负责、仁爱、乐观、坚忍、谦虚……这好像是在上最基本的公民与道德课程，但我不能不承认，所有这些看来"八股"的东西，却决定了一个人的命运。

或许我应该这样说：一个人拥有这些正确的观念与态度，不见得能立即成功；但是如果缺乏正确的观念与态度，就算一时幸运，终究还是会被打回原形，难逃失败。

因此，我成就自慢的第一课是：拥有正确的观念，形成正确的态度。

1

工作像蚂蚁，
生活像蝴蝶

有人说"工作中的女人最美"，我完全同意。当人全力投入时，聚精会神的执着，会让人尊敬；而全力以赴、坚持不懈，也会让当事人充分享受过程的乐趣。或许其中有痛苦、有煎熬，但这都是生活的一部分，甚至是生活中快乐的来源，每天锦衣玉食，久而无味，非要有一些曲折、有一些磨难，生活的乐趣才能显现。

云南纳西族给了我们最智慧的启示。

办公室的同事从云南回来，带回一方木刻文字画送给我，并告诉我，这是世界上唯一仍在使用中的象形文字——东巴文，画中我可以清楚地看出一只蚂蚁与一只蝴蝶，而其他的字，我就看不懂了。翻到背面，原来这一方木刻文字画中的象形文字的意思是：工作像蚂蚁，生活像蝴蝶。

我不知道赠送者的寓意，是说我像蚂蚁一样苦命工作呢？还是生活得像蝴蝶一样多彩多姿呢？或者赠送者根本就没有任何指涉，只不过因为木刻文字画质朴而韵味十足，因而好意买回相送。我倒是心领神会，觉得它像极了我个人的工作哲学。

不论是工作像蚂蚁，还是生活像蝴蝶，都是我人生的写照——工作全力以赴、不遗余力，从不问会得到什么回馈。因为在工作的过程中，我已经得到无数的经验与乐趣。而蚂蚁正是最好的形容：一点一滴、步步为营、聚沙成塔，最后得到一点点成果，人不就是如此吗？如果你觉得成就小、工作苦，你会像蚂蚁一般工作吗？

或者说，有人甚至会觉得，像蚂蚁一样工作是多么悲哀啊！没有自我，在团队中像一颗螺丝钉，是那么的微小而脆弱，多可悲啊！可是我从来就是如此。每一个人在工作中，都像蚂蚁一样微小，只能全力以赴，至于回报，只能靠天吃饭。这是谦卑的宿命，也是无悔的执着。

至于生活像蝴蝶，这更是我个人生活的写照，看什么事都是积极、乐观的，一路上充满变化、铺满鲜花，等待我这只蝴蝶不断地探索、发现、采撷。我不会因为工作沉重、意外打击而灰心丧气，因为生活总要过下去——高兴如此，痛苦亦然，为什么不用积极、乐观的心态，看待生活的每一段过程呢？快乐是生活的本质，探索是乐趣的源泉，而蝴蝶正是生活的写照。

想象中，纳西族生活在云南深处，他们没有很好的物质生活，离现代文明可能也很远，但是这两句话却道尽了现代人看不破，也未必想得通的生活态度，我欣然地接受了这方木刻文字画，也向往他们务实、洒脱、怡然自得的人生态度，让蚂蚁与蝴蝶的角色在我身上变换。我们只是体验人生过程，休问结果，问结果恐怕就轻松不起来了！

后记

这篇文章得到许多反响，我在《讲义》杂志的兄长林献章来信，说希望将这篇文章转载在杂志中，我欣然同意。而且我发现在紧张的现代社会中，有太多人像蚂蚁一样苦命工作，但缺乏像蝴蝶一样的豁达与快乐。寻找自己的人生观，对每一个人来说都是最重要的事。

用这篇文章作为全书的开端，象征着人生的探索学习历程。

2

情义相待，改变一生

每个人都需要别人的帮助，上司、同事、朋友都可能是你的"贵人"。为什么在关键时刻，别人愿意向你伸出援手？原因很简单，因为你将心比心、有情有义、以诚相待。

当别人感受到你"有情有义"的信息时，他们会视你为"自己人"，因此有机会会想到你、有困难会帮助你，每个人都在情义相待之下，不断化险为夷；也在情义相待之下，得到转变人生的机会！

28 岁那年，我面临人生重要的抉择。那时我在《工商时报》的广告部门工作，因为兴趣的原因，我决定请调回《工商时报》的编辑部当记者，可是我的直属上司（广告部的总经理）对我非常赏识、爱护有加，让我始终下不了决心启齿，面临了人生最大的煎熬。

最后我终于下定决心，选了一个工作的空档，鼓起勇气向总经理表白："因为兴趣的原因，我想回编辑部当记者，希望总经理成全。"没想到，总经理非常爽快地答应了。他告诉我："你是天生的记者，迟早会离开我们广告部，你在广告部工作一年半，我已经很满意了！"

我没想到事情这么容易就办妥了，但接下来更大的意外发生了。总经理又问我："那你和编辑部那边说好了吗？什么时候调回去呢？"我回答："我还没有和编辑部谈过，我到广告部来，受总经理的照顾，没有您的同意，我不敢提前做出任何安排。现在您同意我调回，我再开始和编辑部沟通。"

总经理对于我对他的尊重十分感动，他接着说："你既然没有安排，那么何必回那个新创刊的小报社（《工商时报》那时创刊不久）呢？我介绍你去发行量100万份的《中国时报》！"

就这样，我仿佛在做梦一样被转到了梦寐以求的《中国时报》工作，我的人生也因此彻底改变了。当时的《中国时报》号称台湾地区第一大报，在那里工作开阔了我的视野、丰富了我的经验，那是我人生的转折点！

我永远记得这段经历，也记得这位总经理。但我更知道，如果我不知感念他的栽培、不尊重他的感受，径自安排好回《工商时报》编辑部工作，那么他不会帮我安排《中国时报》的工作，我也没机会进入当时的台湾地区第一大报！

人心是肉做的，对别人的好，要心心念念，不能忘怀。当时我刚毕业不久，在《工商时报》广告部期间，总经理给了我充分发挥的舞台，在他的赏识下，我全力以赴地工作，做了许多让我一辈子都回味无穷的事。但也因为如此，当我想离开时，我担心的是辜负了总经理对我的赏识，辜负了他栽培我的苦心，因而痛苦煎熬，难以启齿。

最后我决定向他坦白，如果他谅解，我就离开；如果他为难，我就留下来。也因为如此，我才没有提前安排。我觉得在获得赏识我的总经理的同意之前，我不应该轻言离开！

这一点将心比心的尊重，让总经理觉得不枉过去栽培我一年半。他几乎用他所有的信誉，向《中国时报》的总编辑推荐我，没有经过任何的考试，我的"贵人"就引领了我经历了一生中最重要的一次转变。

工作不只是工作，还包括朋友间的友谊和感情。要记住别人的好，要记住以情义相待，当你处处替别人着想时，别人也会同理相报。如果你只计算自己的利害得失，则损失的可能不只是有形的财产，还有无形的、改变人生的机会！

后记

写完这篇文章的半年后，我遇到这位提拔我的总经理，他握住我的手，告诉我："我看到你写的文章了！"

我感受到他手中传来的暖流，那是来自朋友的"自己人"的手。

3

别跟"魔鬼"
打交道

"无奸不商",生意充满了无所不用其极,但真的是这样吗?也不尽然,这还要看每个人的性格,每个人的选择。如果你是一个天真、纯朴的人,如果你选择走简单的路,那你就别跟"魔鬼"打交道。

贿赂、说谎、诡诈、虚伪、逢迎……这些都是魔鬼,魔鬼有时确实会让你得到"easy money",会让你立即得逞,但是所有的人都会察觉,你不是可信赖的人;而在魔鬼的道路上,只有血腥的弱肉强食。

城邦是一个综合性的出版集团,经营者几乎所有类型的出版物,唯独教材和教辅这个类型是一片空白,而这个类型又是出版界"兵家必争"之地。为何城邦作为台湾地区最大的出版集团,却唯独不做教材和教辅呢?

这是我心中永远的遗憾,因为我们都是简单的人,只能做单纯的生意。在市场上拼搏,把产品做好,取悦读者,这是最单纯的事。而教材和教辅图书的生意虽大,也很好赚钱,但是做成这门生意需要取悦的人太多了:从教育主管部门,到整个教育体系及家长和学生,其中牵涉到的不只是图书质量,还有复杂的政治关系、人脉关系,当然还可能有肮脏的"权钱"交易。我个人认为:在神圣的教育体系中,却隐藏着肮脏的出版生意,这是我们没有能力做的事。因此,我们只好让最赚钱的领域留下一片空白。

这或许是性格使然。当记者的时候,我退回采访对象的现金红包,当面撕掉别人给的空白支票,我调侃采访对象:"我很乐意被收买,但要天文数字我才肯收。"我知道以我心慈手软的个性，心中容不下复杂的逻辑，我无法与魔鬼打交道；以我近乎愚笨的天真，我只能直道而行、直来直往。贿赂、回扣、应酬，这些事我做不来，也不敢做，就算其中有再大的生意，也与我无关。

我也曾经犹豫过，因为有时候只要我愿意妥协，愿意配合市场上通用的"规矩"，我就可以抢到生意，而我也确实曾经尝试与魔鬼打交道，但结论是人家骂我："笨到连送红包都不会！"我知道这不是我的错，笨人只有一步一步慢慢来，抄近路、走捷径，反而会迷路。

不仅在生意上有许多魔鬼，在工作上，许多事也被我视为魔鬼：利用公司资源，占公司便宜；走后门，对主管阿谀逢迎。这两件事表面上看起来没什么，因为做的人太多了，多到让人觉得是理所当然的。但同样的，对我而言，并不是我不想这样做，我也知道如果我能这样做，我会立即得到好处，但"近乎愚笨的天真"，让我做不来、下不了手。

我努力保持"公平"——拿公司的薪水，努力为公司做事，希望我的贡献对公司物超所值。绝对不占公司便宜，因为便宜占多了、占习惯了，我就会丧失独立生存能力，成为公司的寄生虫，因此占公司便宜也是魔鬼。

至于走后门、阿谀逢迎，则会让自己变成"小人"，变成靠关系、靠取悦别人存活，而不是靠自己、靠能力，不能活得有尊严、有自我。

每个人心中都有两个灵魂，一个是人，一个是魔鬼。人讲究的是规规矩矩、按部就班，一步一个脚印，靠自己的能力取得成功。但魔鬼的性格，充满了走捷径、耍小聪明，实时可得的利益，但这不是人的正途。每一次与魔鬼打交道，人就陷落一次，最后就不像人了。

后记

《苹果日报》的曾孟卓总经理写了一封 E-mail 鼓励我，还复印并传阅了这篇文章，因为我们都是天真而简单的人。

4

奥妙藏在基本之中

许多事都讲究基本：所有的运动，都要求基本动作，中国功夫也讲究基本功；企业经营则要求"Back to Basic"；股票投资则说回归基本面。"基本"一词朗朗上口，但真正做到基本、依循基本的人并不多。

所谓的基本，通常是最基础、最简单、最不起眼的东西，所有的人都觉得会、都不重视它，以至于从来就没有真正做好过，一旦有人真的做好了，反而成了稀有的竞争优势。

每个人都喜欢"巧"的东西：谈话、沟通要巧妙应对，就像纪晓岚一样；工作希望有"巧"计、"巧"法，就像孔明借箭一般；为人处世，希望灵灵"巧"，就像和珅一样。"巧"有时就像变魔术，令人拍案叫绝，甚至可以用最少的付出，获得最大的收获。

每个人也都希望得到"巧"的锦囊，学会巧思、巧法，面对任何困难，只要打开锦囊，巧思、巧法就会跳出来，一切困难迎刃而解。

但世界上真有"巧"的东西吗？答案是肯定的。只不过"巧"的奥妙，不能传，也无法学，如果你一心只想"巧思妙法"，则终究只会落得一场空。

宏碁集团的意大利籍总经理兰奇，一句话道尽了奇技淫巧的不可恃，以及基本功夫的重要性，这或许是给大多数迷惑于"巧思妙法"的人的当头棒喝。

兰奇认为：宏碁欧洲的成功，"没有 Magic，只有 Basic"。

"没有魔法，只有基本功"，说明了宏碁欧洲的成功，即没有任何学问，只是把基本该做好的事做好而已。我们可以相信兰奇的话，因为他没有任何保留地说出了一切奥妙的真正根源。

其实，世间所有的道理都非常简单，做人该按部就班、待人要诚信、不能说假话……这都是真理。只不过，在复杂的社会中，大多数人被迷惑了，认为花言巧语、奇谋巧计、奇技淫巧，可以快速奏效，而结果是花拳绣腿、一无是处，禁不起考验。

我从事的出版工作，每年要出版无数的出版物，每个出版物就是一件单一的商品，大多数人想要图书畅销，想的当然是卖书的巧思与创意、想的是营销、想的是造势、想的是宣传。

可是这一切都不值一提，因为任何的"巧思妙法"，都抵不上"回归基本"这句话。在出版领域，图书畅销的基本原理是什么？答案很简单——内容、内容、内容，这是多么无趣和基本的答案，可是大多数人想的不是内容，而是浮夸的表象。

一切"Back to Basic"，回到基本，回到原理、原则，是一切工作的本源，当你彻底了解基本原理、原则，并融会贯通后，许多奇思妙想也会油然而生，这是从有招到无招的过程，但是奥妙藏在基本之中，"Back to Basic"是奇思妙想的开始。

后记

1. 这篇文章刊登后，台湾地区最大的面板厂友达公司，邀请我去演讲，讲的就是"回归基本"。学员问我："企业经营上的基本到底是什么？"我的回答是："最基本的公司工作规则、职场伦理、流程、SOP[1]、工作方法、纪律……当然还有许多教科书上所教的基本原理，也都是基本，如营销学原理、组织学原理，我们学多了新理论、用多了新工具，反而忘了最简单的事。"

---

[1] SOP 是 Standard、Operation、Procedure 三个单词的首字母缩写，即标准作业程序。

2. 个人的基本是什么？

台湾地区有两本畅销书。一本是《优秀是教出来的》（雅言出版社），是一位美国老师写的一本教育孩子的书，内容是"基本的五十五条规则"。再看看具体的内容，其实没有任何新意，例如其中第十六条：每天都要做完作业；第三十条：吃完饭，自己的垃圾自己处理。所有的内容都是大家共识、共知的东西。

另一本名叫《好家教，决定未来领袖》（"YES,PLEASE,THANKS!"，新手父母出版社），也是谈论小孩的基本礼貌教育的书。英国那个"绅士"社会，也出现类似回归基本的反思，在台湾地区引起了极大的反响。

以下列出"基本的五十五条规则"的部分内容，不仅对孩子有教育作用，对成人也具有参考价值：

- 与人互动时，要看着对方的眼睛。
- 别人有好的表现，要替他高兴。
- 尊重别人的发言与想法。
- 别人送你任何东西，都要说"谢谢"。
- 接到奖品和礼物，不可以嫌弃。
- 做什么事都要有条理。
- 要坚持自己的理想。
- 要乐观，要享受人生。
- 别让将来有遗憾。
- 从错误中学习，继续向前迈进。
- 无论如何，一定要诚实。
- 抓住今天。
- 在你的能力范围内，做最好的人。

5

"闲话一句"的承诺

信用是人一辈子最重要的资产，有人重信用更甚于生命，或许这只是自勉或勉励他人的话，但无论如何，信守承诺是每一个人必须遵守的规则，也是成功者必须拥有的特质。

上海人最喜欢说的一句话就是"闲话一句"，用浓浓的上海口音说出的"闲话一句"透露着潇洒、自信与商场上的一言九鼎，代表就这样说完了，生意谈成了，不需要签合约，我一定信守承诺。

现在嘴巴上的承诺，很少有人当真，但遇到信守"闲话一句"的承诺的人，还是令人肃然起敬！

有一次，台湾地区最有名的自行车品牌捷安特①的董事长刘金标先生来电，希望在台北与我见面，我客气地回答，我愿南下台中，请他不用移驾，但他客气地坚持前来台北，我心中十分纳闷，有什么事需要刘先生亲自跑一趟呢？

见面后，刘先生首先表示歉意，因为《经济日报》记者以第三者的角度写了一本捷安特的成功传奇的书，即将出版，而刘先生在盛情之下，还为这本书作序。刘先生自承，几年前曾经答应我，如果要出书，一定委托我的出版社出版，虽然这本书并非出于公司意愿出版，但是怕我误会，特地前来说明，并表达歉意。

---

① 捷安特（Giant），是台湾巨大机械工业股份有限公司旗下的品牌。

对刘先生的歉意，我不敢受也不能受。他走后，我终于回想起当年的情景。我力邀捷安特作企业传记，刘先生婉拒，但闲谈中承诺，他日如要作传，一定交给我出版。这只是"闲话一句"，根本谈不上承诺，连我这个被承诺人都没有当真，几乎忘了这一回事，而刘先生铭记在心，始终不忘。

刘先生离开后，我思绪起伏，久久不能平复。我几乎不能相信，台湾商场上还有这样信守承诺的人（事实上那只是一句闲话），而刘先生专程前来拜访，只为了不经意的一句话。更何况，那是别人出的书，说起来与他无关，但他仍然在乎我的感受，怕引起我的误解，不惜从台中前来，只为了五分钟的说明。

我除了尊敬，再也说不出别的感受。或许这些年来，我们看到捷安特从台湾地区起家，成为国际知名品牌，产品卖遍全世界，其真正的奥秘，就在于对"闲话一句"的承诺的坚持。因为信守承诺，所以有诚信；因为有诚信，所以产品追逐最高境界；也因为有诚信，从供货商、经销商，到消费者，没有人不认同巨大机械，没有人不认同捷安特。而这些都源于董事长刘金标的为人，源于捷安特上行下效、风行草偃的企业文化。

我有几次和国外厂商往来的经验，签订任何一个小合约，甚至签约前的保密协议，都有厚厚一叠，有一次我忍不住问外国伙伴为何要如此麻烦，他们笑称，这都是经历各种教训后，不断增订的结果。显然，不仅中国台湾地区如此，全世界也是，只有见诸白纸黑字的法律文件，才是承诺，才要遵守。反而为人最基本的诚信，都被大家遗忘了。这也难怪与刘金标先生的会面，会让我如此惊诧。

后记

有一个读者质疑：合约上的条款一定要执行，但合约上没注明的事，就算曾经讨论过，也要履行吗？我的说法是：如果你是老板、做得了主，那一定要守信用；如果你不是老板、做不了主，当然只能尽量遵守了。

现在企业都是职业经理人当家，合约代表公司的承诺，个人私下的言论，有时公司无法兑现，这也说明了合约为何会越来越复杂。

6

无力负担的奢华

假设世界末日来临，谁会先死掉？

对生活水平要求高的人会先死掉，而能用最简单的生活条件存活的人，会熬到最后才死。蟑螂能存活亿万年，就是因为它能面对恶劣的环境。

喜欢摆谱的人是悲哀的、奢华成习的人是危险的，超乎常人的生活水平，只会让他们的处境更加艰难。因此从很年轻的时候，我就不愿意华衣美食，不是没品味，而是不愿意养成负担不起的奢华习惯！

20世纪90年代，来来饭店开张不久，那是台北最有名的豪华饭店，而它的"十七楼会员俱乐部"更是富商巨贾云集的场所。拥有一张来来饭店十七楼的会员卡，就是尊贵的象征。

当时，我换了一个工作，新老板为了表示对我的肯定，给我买了一张来来饭店的会员卡，并告诉我，所有的消费由公司买单。我非常感谢老板的赏识，但我从来没使用过这张会员卡。半年过后，老板发现我没有任何消费，十分诧异。他告诉我，尽管去用，而且工作辛苦，放松一下是应该的，更何况，替公司做公关也是必要的。我再一次谢谢老板的厚爱，但那一张会员卡，一直到我离开那家公司，仍然是一张没用过的"呆"卡！

我没告诉老板我不去使用它的原因，但我内心清楚，那是我薪水不能负担的奢华，也是我能力不能负担的奢华，让公司负担我个人的消费，我觉得罪恶；我更害怕的是，一旦我养成这样的奢华习惯，当我失去时，我会更痛苦，因为我无力负担，我就不敢尝试、不敢拥有，也不敢奢华成习。

操纵人类的欲望，一向是所有奢侈品公司的拿手绝活，LV 公司的快速成长，靠的是人类的奢华欲望，但也让人类走向欲壑难填的深渊；Coach 公司喊出能负担的奢华（affordable luxury），也大获成功。显然，"奢华"是豪门巨富的事，能负担的奢华才是大众你我的真实。了解自己的能力、控制自己的行为，才有机会真正做自己的主人。

奢华、享乐是人类共同的欲望，没有人不喜欢奢华、享乐。只不过有的人是用自己的能力享受奢华、有的人是用财务杠杆享受奢华，就如同许多年轻人用信用卡预支未来的收入；有的人用职务之便享受奢华，许多的公务员、高级经理人，用政府及公司提供的资源，以公务为名，行自我享乐之实；还有的人因亲情享受奢华，许多的年轻人，用的是父母的钱，花起钱来，宛如豪门富家子弟，奢华在他们眼中仿佛理所当然，完全不需要自我约束！

但奢华是会上瘾的毒药，一旦拥有，就怕失去；一旦失去，就痛苦难堪。这就是我年轻时不肯使用来来饭店会员卡的原因。我怕我从此离不开那个职位、离不开那家公司，因为我已经习惯优渥、习惯奢华。但那都是公司给予的安定剂，使我从此不敢冒险、丧失斗志，沉迷在接受别人喂养的舒适圈中！

当然，我也不敢给自己的儿女超过太多他们自己能力范围的奢华，因为我知道，他们的欲望要用自己的能力去满足。太早拥有太多享乐，只会让他们的生存能力变差，只会让他们变成奢华欲望的奴隶，父母的亲情，可能化为他们面临艰难环境时的毒药。

我还看到许多年轻人，因为太早拥有自己无法负担的奢华，不论是一时走运，或者因缘际会、一步登天，还是真有能力、真有实力，只要环境改变，他们就会从此沉沦欲望深渊。因此我更知道，就算是有能力负担的奢华，也要谨慎使用，因为那是欲望魔鬼设下的陷阱，随时准备绑架你的灵魂。

后记

一个老朋友见到我，当面跟我提起这篇文章，他说"负担不起的奢华"真的会害死人。听了这话我很意外，因为他是有钱人，奢华对他而言不是问题。

后来我更体会到奢华是相对值，而非绝对值，你开 300 万元新台币的奔驰，别人开 600 万元新台币的奔驰，你的奢华就是廉价入门款。你只要心中有奢华，就会进入一个永无止境的追逐中。

贪官污吏为何会出现？因为他们追逐负担不起的奢华。我们要抬头挺胸花自己的钱，不要偷鸡摸狗花别人的钱。

7

乡下人的矜持

这是一个巧取豪夺的社会，我几乎都要对自己所坚持的一些原则丧失信心了。所幸，力霸集团王又曾事件，让我恢复了一点信心。在台湾商场上，王博士的奸猾诡诈，无人不知，但他依然横行商场数十年。王家的倒闭，说明社会还有公理。从小妈妈就教我们守本分，不能随俗、不能同流合污，不管别人做什么，我们只能做该做的，不能拿不该拿的，这是乡下人的矜持。

几十年前的天母，是一个极其纯朴的乡下小村，与现在台北时尚最前线的天母完全不一样。从小在天母长大，那里充满了我无数的童年记忆。

那时的天母，到处长满了各种果树，最多的就是龙眼树，无论是在路边、屋角，还是在山上的果园，龙眼树一到夏天，都挂满了一串串的龙眼，令人垂涎欲滴。这些生长在路边的龙眼树，好像是无主之物，其实每一棵都有主人，但因为就在唾手可得的路边，几乎外来的过往路人，都会随手摘取。可是对我们住在当地的乡下人，却是绝对不允许的。这其中藏着我一辈子最深刻的记忆。

有一次，一群路过的外地人，又在采路边的龙眼来吃，我实在忍不住，也跟着一起采。邻居看见我也在采龙眼，就告诉了我妈妈。回家后，我被妈妈用细竹枝狠狠地毒打了一顿。妈妈告诉我，这是偷别人的东西。我不服气地说："大家都在采，为什么我不可以采？"没想到妈妈打得更凶，她说："别人做坏事，是别人的事，我们家的人绝对不可以做坏事！"

从此我知道了，所有的东西都有所属，不是你的，绝对不可以碰！就算东西是没有主人的，也一样不可以拿，因为那不是"你的"。妈妈还说，这就是守自己的本分。人一辈子都要守本分，而且就算别人不守本分，我们也要谨守本分，不可以一起做坏事。

守本分成了我一辈子的习惯，虽然年纪越大、见闻越广之后，我发现这个习惯实在有点迂腐，或者应该说这是"土包子"乡下人的矜持，因为对大多数都市人来说，"巧取豪夺"才是常理，守自己的本分，似乎太不通情理了。

但从小养成的习惯改不了，守本分成了我对待群己关系的基本态度，在我与别人之间，守本分是避免纷争、和谐相处不可缺少的元素。

我只想自己该得的，不管别人得到多少，但这还不够，守本分的意思更是要谦虚、客气，对任何事情要谦虚、客气地评估自己的能力与贡献，因此在论功行赏的时候，就不至于过分夸大自己应得的那一份，这样在团体中就不会引发分配不均的争执。

"本分"让我退一步想，让我看到自己的不足，绝不做非分之想。如果我所属的团队，大家都客气而本分，那组织的气氛会变成人际关系的理想国，大家谦让、和和气气，这是我最喜欢的团队氛围。

"本分"除了规范群己关系，还让我变得务实，即只问自己能做什么，不去刻意与别人比。小时候的经验让我知道，就算别人可以胡作非为，但我不行。因此，看别人做什么，再与他们比较是没有用的，因为每个人的命运不一样，与别人一较长短，只会让自己伤心，不如回头想想自己的事。

身为乡下人，我不能说都市人奸猾，但我乐于谨守乡下人的迂腐与矜持！

后记

有一个读者写信给我，说不是只有乡下人才矜持，他是都市人，他的家教也是如此，即只拿自己分内该得的，其余一分不取。我承认，乡下人是我对自己的描述，绝非只有乡下人才单纯。十步之内必有芳草，我相信社会上大多数人还是善良的。

8

工作不会伤身

许多年轻人，对全力投入工作表示怀疑，他们徘徊于工作与玩乐之间，选择轻松工作、快乐玩耍。

我并非主张辛苦工作，但我认为每个人都要对自己有交代，既然工作，就要有成长、有成果、有好的回馈，因此在工作时全力以赴是不可避免的，就像玩乐时要全身心放松一样。而"工作不会伤身"是我听过最经典的一句话，这是日本知名企业家丹羽宇一郎的名言。他全力投入，从普通员工成长为知名企业伊藤忠商事株式会社社长，成就了一生。

有一次我到一家知名企业去讲一堂领导方面的课，下课后，一位女学员来和我聊天。她告诉我，当主管要做那么多事，要担负那么多责任，太辛苦了！还是当一个小职员好，一副后悔当上主管的口气。

虽然我知道她说的并不完全是真话，话中还透露着一丝迷茫。但同样的问题，我不知已经回答过多少次，不知有多少朋友与我谈过类似的问题：工作太辛苦、太伤身、太伤害家庭生活了，如果可能，许多人宁愿选择不升职、不当主管，只要当一个小职员就好！

我的回答很简单，你可以选择当小职员，但你可以忍受比较低的薪水吗？有的朋友回答得很妙："我可以找一家好公司当小职员，有比较好的福利，但工作不多。"我告诉他，没有这样的好公司。好公司绩效佳、福利好，但对员工的要求也很多，不可能有工作不多，且长期福利好的公司。

因此，要不就忍受较低的成就感和薪水报酬；要不就在职场上当"过河卒子"，勇敢向前。

其实这样的回答还不够，因为很多年轻人找出更加冠冕堂皇的理由，比如工作会伤身、会把眼睛弄坏，长期坐在椅子上会脊椎侧弯，等等。对这样的说法，我总觉得似是而非，但始终没有想出一个好理由。我只能告诉他们，那你就偶尔运动一下，不要老是工作。他们的回答就更让我无言以对了："我工作都做不完，哪还有时间运动！"

后来，我出版了日本伊藤忠商事株式会社社长丹羽宇一郎的《工作才能成就人》一书。书中有一句话，让我对这个问题豁然开朗，丹羽宇一郎社长说："工作不会伤身。"真正会伤身的，是下班之后的娱乐，如喝酒、打牌等。丹羽宇一郎社长描述了他在美国的状况："连星期六也要上班，平常每天早上五六点钟就被欧洲的电话吵醒，晚上则要加班与日本总部联系，常年这样长时间工作，身体也没有因此变坏。"因此，他认为工作绝对不会伤身。

这一段话正是我的经验，只是我一直没有清楚地说出来而已。我开始回忆，其实我有许多能干、努力、全力以赴的同事，他们并没有向我抱怨过"工作会伤身"这件事，而他们的身体状况也大多保持得很好。虽然有些人身体不好，但都是因为本身体质使然，与工作劳累并无必然的关系。

反之，向我抱怨"工作会伤身"的同事，事后证明，其实他们都是能力有问题、态度有问题，"工作会伤身"只是他们的借口而已！

我终于想清楚了，"工作会伤身"其实是工作态度的问题，你对工作有不正确的想法、看法，才会出现"工作会伤身"的说法。当然，如果你全力以赴工作，也全力以赴喝酒纵欲，过度使用自己年轻的身体，那是绝对会伤身的。可是如果只是全力以赴地工作，绝对不会伤身！

后记

一个朋友遇到我，告诉我当他在《商业周刊》读到这篇文章时，几乎破口大骂："胡说八道！员工没日没夜地工作，身体怎么能不变坏呢？何先生你是老板，你是在替所有的老板说好话！"

听了这话，我微笑以对，回答："没有成就、不被认同，恐怕比没日没夜地工作更伤身、更令人痛苦！"

9

寻找"自慢"绝活

拥有一种无可取代的专长，是每一个员工必要的生存要件。这个专长不仅要会，而且要最佳、最好，别人都比不上你，在关键的时候，专长出手，所有人退避三舍。

拥有"自慢"绝活的人，是组织中不可或缺的核心成员，也是"80/20法则"中的重要贡献者，这些人带动组织成长，被人依赖、被人仰望、被人尊敬！

中国台湾的骄傲、纽约洋基队的投手王建民，最拿手的球路叫"伸卡球"。这是一种下沉快速球，到本垒板时快速下坠，经常造成打击者击出内野滚地球被封杀，王建民极少被打出外野长打，"伸卡球"是王建民立足大联盟的杀手球路。

在公司招聘新人的时候，我经常会问："你有什么特殊的本事或专长？"大多数应聘者都说不上来。就算说上来了，也禁不起我再三地询问，因为我要的答案是非常在行，而且较诸一般人而言，更深入、更专业，为常人所不及，那是个人的拿手绝活，只要绝活出手，四方臣服！

日文中将自己最拿手、最有把握、最擅长的事叫作"自慢"，餐厅的招牌等，称为"味自慢"，"自慢"这两个字完全没有骄傲自大的意思，只是形容自己的拿手与在行，是不是比别人更好，其实不知道，但绝对是自己最自信、最有把握的事。

每个员工都应该拥有自己最有把握的"自慢"绝活。当我在招聘新人时，会选用什么人？当然是那个拥有"自慢"绝活的人，而那个绝活又是公司需要的！当公司要升迁某一个主管时，会升谁？当然是那个拥有"自慢"绝活的员工，而那个绝活又是当主管时用得着的！

我最没把握的人，就是那种"五育并重"，所有事都会，但所有事都做不精的人。通常这种人的影像最模糊，不会给你留下任何印象，在组织中可有可无，就好像每个人都如此，多一个、少一个也无妨。

不幸的是，大多数员工都是这种影像模糊、缺乏"自慢"绝活的人。这种人是那些只创造 20% 贡献的 80% 的人。如何创造、培养自己的"自慢"绝活，是一个人成功的关键！

"自慢"绝活可以是一种态度：我对公司最忠诚；我的工作态度最严谨、最稳当、最可靠、最积极；我可塑性最高、学习力最强；在组织中，我的人缘最好、合作性最佳。任何一种态度都是明显的优点，都可以成为在组织中胜出的关键，前提是特色要明确，为人所称道。

"自慢"绝活也可以是一种技术：财务、营销、策划等；也可以是一种能力：计算机、语言、沟通、公关、宣传等；甚至可以是一种嗜好：高尔夫、网球、钓鱼、登山、围棋、美食、旅行等。技术与能力是工作上明确有用的专长，而嗜好则说明一个人多才多艺，是个性格鲜明、举止出众、特立独行的人。

有心而长期稳定地培育、学习、追求，则是培养"自慢"绝活不可或缺的方法。年轻时的同学、同辈或朋友，几年不见之后，忽然发现他们都成了某一领域的专家，这就证明了"自慢"绝活并非天生拥有，而是每一个人按照自己的兴趣、特长，不断地长期努力学习、追求而来的！

每一个人都应该自我检讨一下：我有超乎常人，让自己自信、自豪，且可以依赖的"自慢"绝活吗？

后记

　　许多人在组织中惶惶不可终日，因为他们能力不足、影像模糊，对组织的贡献也不足，他们的存在要靠人缘、靠内部公关，这种人永远是组织中最辛苦的人。他们在组织的每一次变动中，都有可能被取代。

　　我其实胸无大志，只求不要看别人脸色，有自己的尊严，因此只好不断培养一种无可取代的专长，最后发现这原来是每一个人真正的价值！

10

口水多过茶

每个人都有梦想，也都有理想，但大多数人有想法、没方法，不知道怎么执行、怎么下手，因此永远让计划停在空想阶段，最终一事无成。

耐克（NIKE）的广告名言"Just do it"，深入人心，对休闲、对运动，或许我们都能"Just do it"，但是在工作上，我们敢这样吗？我们犹豫，美其名曰"害怕"；我们讨论，美其名曰"充分沟通"。但就是缺乏行动、不敢行动，一切只能停在原地。我们宁可在行动中犯错修正，也不要成为"口水"专家。

工作中经常遇到一种状况：当主管提出某个构想时，总是有人从各种角度提出反对意见——有的人说，这可能会有某种副作用；有的人说，这个构想不周密，还需要仔细研究。经过大家的讨论之后，大多数创新的构想都胎死腹中。

我冷眼看着这些讨论，当然有些构想是理想化、不切实际而不可行的，被腰斩不足为奇。但是有些构想则不然，确实具有突破性的创意，只不过因为是创意，太新颖了，与现状难免有些不兼容。理论上，只要克服这些不兼容的部分，这些创意是有可能实施的。只不过如果过度公开地进行讨论，通常这些创意会被牺牲掉，因为大多数主管会"play safe"，采取保守而安全的策略。大家宁可停在原地、什么也不做，也不愿积极地采取行动。

这就是大多数组织与员工的实际情况。广东有句俗话，"口水多过茶"，指的是说得多、做得少，完全没有实践性、没有行动力。不幸的是，大多数组织中的员工，都是"口水多过茶"的人。

仔细分析员工"口水多过茶"的原因，主要来自三个方面：第一，怕麻烦，不愿改变；第二，见树不见林，即只见其副作用，而应该宏观衡量其整体的好处；第三，完美主义，即每一个行动都觉得要考虑全面，谋定而后动，当有些小事、小问题没想清楚时，就只好停在原地。

前两个方面，是员工的基本态度、基本判断不对，他们除自我要求、改进外，完全没有探讨的空间，而完美主义则不然，这是工作无绩效、步调缓慢、难有成果的超级杀手，也是组织中"口水多过茶"的真正原因，须仔细探讨。

严格来说，任何计划在事先规划和设想阶段，都有预测未来的成分，很难期待其考虑全面，并在过程中要求一切按照计划进行。我们在大多数情况下，只能尽可能地仔细规划，然后在执行的过程中，逐步校准、调整，在工作中修正，在错误中学习和成长。

如果要求计划完美、无懈可击，几乎是不可能的。计划的完美主义，根本就不是做事的代名词，而是胆小怕事的代名词，更是工作停滞不前、没有进步的元凶。

完美主义可以用在事后检查工作质量上，用在事前衡量行不行动、做不做事上，是绝对不可以的。行动、计划、工作改善，只能问有几成把握，是六成、七成，还是九成，绝对没有百分之百的。通常所有的行动会有正效益，也会有副作用，只要相抵的效益增加，就应该立即去做，而不要因为有些小顾虑而停在原地，停在原地是最大的罪恶。

行动力是在不断行动中学习、成长的，执行力是在不断工作中修正错误、校准方向的，工作的成果也是在行动与执行中完成的。过多的思考、讨论，务求其百分之百完美，只会让你变成一个"口水多过茶"的梦想家、思想家！

后记

　　一个读者质疑不考虑全面的行动，是孟浪从事、是盲动，还是应该想清楚再行动。我完全认同，但我想强调的是，如果你永远想不清楚、下不了决心、停在原地、坐而论道……那我会说："考虑全面只是你梦想、空想的托词而已！"

11

认识自己背后的
"黑暗巨人"

没有一个人是完美的，每个人都有很多缺点，而进步是需要先了解自己有什么缺点，才能学习、改进的。

问题是，如果我们不能谦卑地面对自己、诚恳地反省，从别人的反应中找出自己的弱点，那么我们是无从进步的。

我很少有机会运用科学化的管理工具，因为我永远认为自己最了解这个行业、最了解我的公司、最了解我所主管的业务。科学化的管理工具能为我提供更多帮助吗？不能！因此，我觉得科学化的管理及测评工具，听听就可以了，不必既花大价钱，又浪费时间去走远路！

可是几年前的一个案例改变了我的想法。有一个下属，在某个职位上工作已经很多年了。他的下属公认他是个问题人物，甚至有时会在公众场合挑战他的权威（因为忍无可忍）；平行部门的同事认为他是个麻烦人物，因为他常常在别人预料之外，做一些很奇怪的事，给办公室带来不必要的困扰；他的主管也知道他有问题，但时间保护了他，因为他是资深员工，主管不忍心下手处理。

我终于决定找他恳谈，结果却让我大吃一惊！我原本认为他对自己的处境总该有所了解，谁知道，他竟然认为自己的表现虽不杰出（带着谦虚），但至少还算 OK（理所当然）。我知道这回问题大了，他几乎完全不了解自己，不了解别人对他的评价，认为所有他感受到的不友善，都是有心人士故意与他为敌。我非常后悔过去对他的仁慈，没有及早对其进行劝导，我应该对他的问题负全部责任。

这时候，我想起了人力资源管理领域中的360度测评法，这个方法让被测试者能从上司、平行部门、下属甚至其他相关人士的角度，了解别人对他的感受、看法与建议，让他全面地了解自己，包括优点、缺点，并知道如何进行改进。

我不得不承认，科学化的管理工具是有用的，如果我有机会让这位下属做一次360度测评，那么相信我在处理这件事的过程中，可以少走很多冤枉路！

每个人都有永远无法认识到的自己：我们永远按照组织的主流价值——能力强、效率高、度量大、眼光远、善沟通，期待自己是这样的人，而永远看不到事实的真相。事实上，每个人都离这些主流价值很远，我们的缺点永远比优点多，我们有一辈子也改不了的缺点。当别人亲口对我们讲出这些缺点时，我们会拒绝承认、会愤怒、会反驳、会质疑别人的动机……当然，如果我们还有自省能力，我们会伤心欲绝，这怎么可能是我呢？最后，也许我们有机会诚实面对自己，并尝试去改变自己。但能不能真正改变，就要看我们的决心和毅力了。

问题是，人有没有机会认识自己隐藏在深处的缺点，早一点了解并改变自己，以免在职场中成为笑话？答案当然是肯定的，只是你拒绝承认而已！

老板对你的不耐烦、同事对你的异常反应、下属对你的挑战……都说明了别人对你的不满，也暗示了你存在问题！而你的反应是什么？老板就是不喜欢我，对我有偏见；那个同事忌妒我的才华；这个下属天生反骨，老是找我的麻烦。

我们的态度，决定了我们总是认识不到自己的缺点，我们背后的阴影面积越来越大，就像脚前方有一盏投射灯，光明的、正面的自己很小，而背后的阴影却是"黑暗巨人"。

后记

　　我为什么会写这篇文章？因为这样的经验太多了。我很认真地与下属讨论他的问题、他的缺点，而且是关起门来，规过于私室，希望他改进，但却引来他强烈的反抗和自我辩护，觉得我误解他……

　　我不得不承认，大多数人无法面对自己的缺点，不愿承认自己的不足，这也是大多数人停滞不前、无法进步的原因。

　　每个人都应告诉自己"闻过则喜"，有人愿意给我提出建议、指出缺点，不管对不对，都应立即谢谢他！

12

工作成就定律：
唯态度论

工作成就（Performance）、能力（Ability）、态度（Attitude），这三个英文单词的首字母组成了工作成就定律：$P=A^2$。这是强调激励、重视心灵层面的管理学者的说法。每个人的态度决定了其一生的命运，也决定了其一生的工作成果。"成也萧何，败也萧何"，全在于你——你的思想，你的性格，你怎么看待世界、看待人生。

成功的关键因素是什么？能力、资源、命运，还是其他？这个问题困扰着所有的工作者。有人努力学习，因为相信能力；有人烧香拜佛，因为相信命运。但大多数人不知道答案就在自己身上——你的观念、看法、态度，才是真正决定你的人生成败的关键。这就是工作成就定律：$P=A^2$。

工作成就定律指的是每一个人工作成就的大小，等于能力乘以工作态度，即能力越高，工作态度就越好，成就就越高，也是远离失业的不二法门。但大多数人都只重视工作能力，即读书、学习，取得高学历，都在增强工作能力，而重视工作态度的少之又少。大多数的工作者缺少正确的工作伦理，以致不具有正确的工作态度，成为职场上最大的问题。

工作态度的重要性，可以从工作成就定律中看出。每个人的工作能力绝对不会是零，因此工作成就只有高低之分。可是工作态度却有可能是零，一旦工作态度不正确、工作态度是零，其工作成就就是零，能力再高也是无用的。有的人甚至因为工作能力强，而态度不正确，反而往坏的方向发展，做出对组织、工作、公司有害的事。大多数职场弊案，都是这种人做出来的。

因此，工作成就定律，其实说明了工作的"唯态度论"，即态度决定一切，相对而言，学历、能力反而并不是那么重要。

许多成功的案例都说明了"唯态度论"。一个从基层做起的员工，最后可以升到总经理，就是工作"唯态度论"的批注。因为基层员工一定是能力不足的，但由于他态度正确、努力学习、全力以赴、认同组织、无怨无悔，能力当然会不断增强，主管当然赏识他，所有的好运、机会都会降临到他的身上，最后他当然会成为总经理，成为职场的成功者。

其实不仅是在工作上"唯态度论"，成功更是"唯态度论"。许多创业者将失败归咎于资金、经验、时机，其实是错的。因为只要态度正确，资金不足的人，会得到他人的信任和帮助，今天资金不足，但明天会解决；经验不足的人，没关系，只要态度正确、努力不懈，今天不会，明天就学会了，经验会快速积累；而今天时机不对、运气不好，只要态度正确、不怨天尤人，继续乐观工作，时机、运气总会来的。

这个社会"聪明人"太多了，缺少的是执着的"傻子"。对理念、对道德、对工作、对过程、对成果的执着而成就的"唯态度论"，绝对可以让你远离失业，接近成功。

后记

有朋友问我，态度到底是什么？这确实要仔细交代一下。

态度，源于信仰，每个人都有自己的人生观，都有自己的观念。正确的观念投射到工作上，就会产生具体的正确态度。例如：相信世界是公平的，没有不劳而获，这是信仰，也是观念；投射到工作上，就会变成全力以赴、一步一个脚印，不会贪便宜、走捷径。

观念与态度是连动的，每个人对外界的事物都会产生不同的态度和看法，进而做出不同的行为。

正确的态度包括许多方面，例如：乐观、正面思考、负责、追根究底……几乎所有听起来很"八股"的人生守则，都是正确的态度，这其实是回到了做人的基本原则。

13

诚信：
你的诚信价值是多少？

诚信是我的"自慢十二则"的第一则：人因诚信而存在、因诚信而无愧于天地、因诚信而区别于禽兽，一生不可须臾背离。

诚信有各种批注：不枉言、不说谎，表里如一、直道而行，这些只是最基本的行为规范。诚信强调群己关系的合理对待，对朋友、对客户、对公司、对上司、对同事、对下属，凡事要说到做到、要信守承诺，不行诈欺枉、不苟且从权……

一门合作近 20 年的生意，突然发生了变化，让我对人性有了更深刻的理解。

20 世纪 90 年代初期，我刚到大陆，就结识了一位朋友。在他的引介下，我们合伙做了一门生意，言明资金各半，股权亦各半，但由他就近全权管理，双方在人力上各取所长地投入，但皆不计价，以使这门生意成本最低、快速赚钱。由于双方合作无间，且都不计较，这门生意做得十分顺利，每年都有获利，虽金额不大，但我十分珍惜这个"君子协定"式的合作。我庆幸自己遇到好朋友、好伙伴，这是合作的最高境界。

可是后来我无意中发现，这位合作伙伴把一些不应有的费用，夹带进我们合作的生意中。虽然在我的追问下，他承认错误，并表示那是新来的财务人员无心的过失，也愿意更正；但是在我深入了解之后发现，那并不是财务人员的问题，而是这位合作伙伴自己原有的生意每况愈下，而我们合作的生意则持续赚钱，才使他出此下策。现实的艰难处境，让他做了不该做的事。

这次的经验，让我想起了之前发生在我朋友身上的一件事。

我的朋友是一个成功的贸易商，其公司不大、人员不多，但生意稳定赚钱。他把公司的财务及个人的财务全部交给秘书管理，那位秘书追随他数十年，是他最信任的人。结果，他的秘书因自己的先生生意失败，在不得已的情况下，挪用了公司的资金，还盗开支票，让我的朋友几乎倾家荡产。

事后我的朋友还是很体谅他的秘书，说她是不得已而为之，不是故意要背叛他的。我很钦佩朋友的大度，但我更体会到，人性要经过环境的不断考验，并不是每一个人都能坚持到底、始终如一的。

对一向坚守诚信的我，经过这次的事件，我不再信心十足。如果我像他们一样身陷险境，我的家人需要金钱才能免于危难，我能像过去一样坚持原则，对不该做的事无动于衷，对不该动用的财富始终如一吗？想得越深刻，我越惊慌失措，我不确定在最艰难的时刻，我能安然度过！

我确定，诚信是有环境限制的。人在顺境中、在正常的情况下，可以守住诚信。但如果社会秩序失控、外部制约失效，还能守住诚信吗？又如果一个人身陷险境，在颠沛流离之际，还能守住诚信吗？

我也确定，诚信是有价值限制的，对小钱的诱惑，我们可能无动于衷，但是如果诱惑的金额变动：10万元、100万元、1000万元、1亿元、10亿元……如果拿不拿都没有人知道，也不会有法律的制约，只剩下我们自己对诚信的坚持，那么我们会在哪一个金额上失守呢？这个金额就是每一个人诚信的价值。

不要太相信自己的道德，不要太自信自己的诚信，诱惑会包裹着各种人性弱点的糖衣，在每个人最脆弱的时刻，乘虚而入。在每个人还没面对考验时，仔细分析一下，自己的诚信价值是多少吧！

后记

1. 不会有人承认自己不诚信，但所作所为却经常让周围的人瞠目结舌，所以诚信最基本的特征，可能是"做事符合别人的期待"。

2. 诚信虽是内心的价值，但在行为表现上不见得能永远信守不渝，这两个故事都引发了我深刻的思考，结论是：没经历人生最艰难的考验，千万别那么有把握认为自己是一个诚信的人；同样的，一个诚信的朋友或客户，也可能因时间或空间的改变而改变，有时候单纯地信任别人，并不能长治久安。

14

中庸：
千万不要"太超过"

"过犹不及"是人生犯错的重要原因，许多事是应该做或可以做的，但做得不及或做得"太超过"，都会变成坏事。本篇文章谈的就是"中庸之道"，不要因为放纵言行而引起祸端。

一般而言，做事要恰如其分很难。做得不够会有瑕疵，做得"太超过"又会得罪人。因此，做任何事都要中庸，都要仔细拿捏。

年终是制定预算目标的时节，每年都会发生一些事，让我对为人处世有更深的体会。

每年制定预算目标时，我都会针对每一个部门衡量其运营体制，并给出一个策略指导：有的部门体质佳，来年要定高目标；有的部门要休养生息，可以减轻负担；有的部门则正在调整中，少输作赢已感安慰。因此，每个部门都会面对不同的标准。

有一个部门长期表现良好，但因多年扮演主要贡献利润的角色，使得这个团队用兵过度，已呈力竭之势，所以今年我同意他们减轻负担，以休养生息。

没想到这个部门竟然定出小幅度亏损的目标，这完全出乎我的意料。我找来主管，了解情况。主管告诉我，他们已经为公司赚了很多钱，来年若小幅度亏损，应该也不算过分！言下还振振有词。

这当然是一次不愉快的沟通，最后这个主管也在我的严词逼迫之下，接受了小幅度获利的预算目标，但我对这个主管长期的好印象，在这一次沟通中消失殆尽。

其实，以他过去几年的成绩来说，他是有理由要求休养生息、减轻负担的，但是他休息得"太超过"，超过了合理的范围，让我一眼看出预算目标的不合理，因此成了我第一、优先要处理的对象。

合适、合理、恰当，是为人处世的最高境界，进退有度、恰如其分，则是最佳的形容词。不足与超过，都不宜、都不美。如果行事作为落入"太超过"的评价，则必有后患，极有可能因此而付出代价。

以制定预算目标为例。讨价还价在所难免，员工保留实力，提出较低的目标，让自己在未来一年有调整的余地，是很自然的事。但如果保留得"太超过"，让老板一眼识破，那就不美了，且往往会让自己陷入困境。

以精打细算为例。适当的精打细算，可以发挥最大的效益，用最少的资源，得到最大的成果。但如果精打细算"太超过"，轻者落得吝啬、小气之名，重者伤害朋友、同事情谊。

再以谦虚为例。谦虚是好事、是美德，但如果谦虚"太超过"，可能让自己陷入自信不足、畏首畏尾的窘境。同样的，清廉是好事，但清廉过度，连亲友之间的礼尚往来都不接受，又难免落于矫情、孤僻之讥。

易学大师曾仕强曾说："庆功宴中，常种下失败的祸因。"细究其理，就是因为"太超过"。成功时难免得意，也理应庆祝，这是人之常情。但人们常常得意得"太超过"，以至于志得意满、行为乖张、言语夸大、自以为是、目中无人。在庆功宴中，这些弱点表露无遗，就此种下未来失败的祸因。

为人处世，合宜、合适至上，了解自己的身份、能力、处境，以及所在的时间、地点、场合，适度地表现自己，千万要避免"太超过"。

后记

1. 这篇文章在网络上引起许多争论。有人说，这样的负面剧情写出来，可能会让当事人难堪；又有人说，这位主管长期表现好，只因一次预算目标定得不随我意，就使我对他的好感消失殆尽，我这个老板似乎也"太超过"了。

其实故事是真的，但场景已修饰、改变，不会让当事人难堪；至于我的感觉，只是一时的，过了就忘，我对这位主管的印象还是正面的。

2. 不要"太超过"，在许多地方都通用。法律上有所谓的"防卫过当"，就是受侵害时可以自我防卫，但"太超过"时，也会获罪。

3. "太超过"通常会使自己本来有利的局势转为不利，"防卫过当"就是例证，所以自己处在顺境中、有利时，千万要小心，否则稍有不慎，就会得而复失。庆功宴中种下未来失败的祸因，谈的是"太超过"的长远影响。有时候"太超过"，会让自己立即受害，不可不慎。

15

公平：人生是公平的

每个人都有一些基本的信仰，例如：相信运气的人，每天寻找幸运；相信神明的人，每天祷告；相信成功源于努力的人，每天都认真工作。

"要怎么收获，先怎么栽"，是相信世界没有侥幸，只要认真、投入，就一定会成功的励志格言。

问题是，作恶的人常常得势（逞），而为善的人却未必得到实时回报。看了这许多不对称的事情，你还相信"人生是公平的"吗？

40 岁之前的 7 年，是我人生最辛苦的日子，创办《商业周刊》让我落入无尽的深渊。年年巨额的亏损，赔光了我所有的钱，使我负责累累。每天下午 3 点半，公司都可能倒闭，我随时都可能成为经济罪犯。

这也是我心理最不平衡的一段时期，虽然我相信"老天有眼"、世界是公平的、努力勤劳者必有好报，但是这许多年的落魄，让我不免怀疑老天是否真的有眼。

每年岁末大年三十这一天，吃完年夜饭后，妈妈都要求我们全家一起到关渡宫，给妈祖上香，祈求未来一年平安顺利。就在我最痛苦的那几年，我会跟妈妈开玩笑说："每年都去拜，可是拜来拜去也没什么改善，公司还是经营得这么辛苦，是不是拜错庙了，要不要换间庙拜一拜。"

听到这些话，妈妈总是骂我："死孩子，乱说话！妈祖啊！你千万别见怪，我儿子是开玩笑的，请妈祖别当真。"

这就是我最彷徨无助时自我排遣的方法。我其实已开始怀疑人生是否真是公平的，是否真的努力就会有好结果。为什么我这么认真努力地工作、为什么我全力以赴、为什么我不做亏心事，而且我应该还算聪明，可是却没有成果，还可能破产坐牢？

我常常这样自说自话："老天爷，你欠我一个公道，我已经努力这么多年了，你难道还没看见？你总会看见的，未来你要加倍还给我！"

所幸我最大的抗议，也就是和妈祖开开玩笑、和老天爷私下对话抱怨两句，但我并未放弃拼搏，依旧努力地工作。

或许老天爷真的听见也看见了，从我40岁以后，一切都改变了。《商业周刊》慢慢变好，而我接下来所做的新事业，不论是出版杂志还是图书，都相当顺利，有时候甚至是"奇迹般的成功"，连我自己都不敢相信，为什么我运气会这么好。

这时候，我妈妈说话了："你看妈祖多保佑你啊！过去你的辛苦付出，现在都得到了回报。为什么你现在很少的投入就会得到很大的成果？这是回报你过去努力做了很多事，却一点成果也没有。但是你也别高兴，当你积累的福报用完之后，就不会这么顺了。"

妈妈这些话，让我想起小时候她常说的："你们现在命不好，赶上我们家穷，只能过不好的日子。不过老天是公平的，你们现在过坏日子，将来你们会过好日子。"

这些话我从来没当真过，听听就算了。我相信只有自己的努力、自己的投入，才能确保自己的成果；自己要怎么收获，就要先怎么栽。不过对"人生是公平的"，我倒从来没有怀疑过。我们一定要相信好人有好报、努力的人有好报这个道理，否则我们为什么要辛辛苦苦做好人呢？

我很庆幸自己在最艰难的时候，虽然有过迷茫，也和上天开过玩笑，但我坚信"人生是公平的"，没有背离、没有放弃，这才是我得到好报的关键吧！

后记

1."善有善报，恶有恶报，不是不报，时间未到。"这是我小学时就会说的顺口溜。常常说、常常听这句话，说多了、听多了，自己也就相信了，认为这是真理。

2. 问题是，当自己长期坚守正道、努力工作，却没有得到相应的回报时，很难不怀疑这世界是否真的公平。可是世界如果不公平，那我们又要相信什么呢？难道要自暴自弃、损人利己吗？

3. 把现在面临的困境，当作投资；把走过的艰难险阻，当作人生必要的过程。如果每个人要受的折磨是一样的，那我宁可先苦后甜，度过一次劫难，就少一次劫难，不信"公理"唤不回！

16

本分：
诚实本分赚大钱

这是我用一生体会出来的道理。要把两个截然不同的目标、南辕北辙的价值，汇聚在同一个人身上，当然会产生冲突，会让很多人迷茫。

"诚实本分"的基因，普遍存在于每一个人的身上；赚大钱的期待，也是苦日子过多了的人必然的愿望。但两者不可兼得时，我们又如何自处呢？

从小，我和妈妈一直在进行虚拟的对话。所谓"虚拟"，指的是对话并不真实存在，而是我自己在内心响应妈妈的话。为什么只是内心响应，而不直接说出来？一来，因为当时我还小，只能被动地接受大人的教训；二来，这些响应通常是反对与反驳，说出来一定会挨骂，因此只能在心中虚拟响应。

记忆最深的虚拟对话是，每次过年过节给祖先上香时，妈妈总会念念有词："所有的何氏祖先，保佑我儿子乖巧、爱读书，长大后要赚大钱。"乖巧、爱读书我没意见，但是赚大钱，我就不同意了，因为学校的老师不是这样教的。

小学一二年级时，老师讲到孙文先生的故事。她说要做大事，不要做大官、赚大钱；她也说只有文官不爱钱、武官不怕死，国家才会强盛。尤其我的级任导师①是个年轻、刚毕业、认真又有理想的老师，她说的话当

---

① 级任导师是教师的种类之一，是指教授一个年级所有科目的老师。

然不会错；而妈妈没读过什么书，心中只有钱。因此，我当然要听老师的话——要做大事，不要赚大钱。

也因为这样，我年轻时一度认为妈妈是无知的小老百姓，因为被生活压得喘不过气来，所以一味地追逐金钱，把赚钱作为终极目标。我甚至还把这种现象扩大：为什么人类都贪财，心中只有钱？因为从小的家庭教育不对，父母把孩子教坏了，使他们把赚钱当作人生最重要的目标。

对妈妈的误解，一直持续到她过世。为了纪念她，我彻底回忆了与妈妈相处的一切，我才发现，原来妈妈不是我想的那样。

我回忆起更多痛彻心扉的教训：因为偷采了路边的龙眼，回家后被妈妈用细竹条一顿狠打；因为不敢承认犯错，除了一顿打，还被罚跪在祖先牌位前一整晚，因为我不诚实，辱没了何氏祖先。

妈妈常说，"长大要'像'人"，这个"像"字是中国台湾地区的方言，指的是要做个正常人，不可以做一些不是人做的事，不偷、不抢，规矩、老实，都是"像"人做的事。

"守本分"是妈妈另一句常说的话，做人要守本分，与人相处要守本分，千万不可以有非分之想。东西该是你的就是你的，不该是你的绝对不能拿。不该是你的东西就算一时侥幸到手，久了也会有报应。每个人都应该老实做自己的事，不老实、不本分，都会让祖先蒙羞。

我终于把妈妈的逻辑串联起来——诚实本分"像"个人，这是每天都要做的事，也是一个人一辈子都要遵守的事。小时候，我若有逾越，就会立即受到惩罚；而每一次惩罚，都是一辈子难忘的痛。妈妈要的是我"一生不可再犯"，我一生都要诚实本分。

因此，"赚大钱"只是愿望，那只是许愿——人生有钱真好，就可以开大车（豪车）、起大厝（盖大房子），所以上香时请祖先保佑。

诚实本分是一生不可逾越的事。逾越了，就不是人，就不"像"人。至于赚大钱，是期待，能赚最好，不能赚也是命。

我终于懂了妈妈的话，那是需要用一生去体会的，也是需要用一生去遵循的。

后记

1. 我觉得老百姓是最伟大的，因为他们没有特权，没有机会使坏，只能规规矩矩地活着，而"诚实本分"又是市井之间必须遵守的规范，所以底层社会的老百姓，让我们引以为傲。

2. 问题是，当平凡人奋发向上之后，冲突就出现了，因为"功名利禄"是连在一起的，是孪生儿，是连体婴。"三年清知府，十万雪花银"，说明了功成名就后的诱惑之大，很少有人能在名利场中全身而退。

3. 有一次我到台南演讲，有个地方上的人士谈及官场的生态，他说："做官不吃钱，子孙衰万年。"这句话让我莫名惊惶，但为了顾及表面的和谐，我没有当面反驳，但我深刻体会到价值观的冲突。

赚大钱是资本主义社会的价值观，但这个价值观一定要在"诚实本分"的前提下去实现，否则就出卖了灵魂，不"像"人，也不是人了。

17

人与事之间的
得失抉择

  人活在世上，不是处世做事，就是为人待人。做事要精明算计，关注每一个细节，以期效益最大化，用最少的钱获得最大的利益。但为人待人，却经常是零和游戏——我们的算计可能是别人的损失，我们的精明可能代表别人的愚昧。宽厚、宽待每一个人，才能广结善缘。

  李嘉诚先生的故事与郑世华先生的家训，说明了做事与为人之间的得失抉择……

  我曾经听过李嘉诚先生的一个故事。有一次，李嘉诚先生宴会结束后走出饭店。当他伸手从口袋中掏出手帕时，一枚硬币掉了出来，一直滚到水沟里。当李先生试图去捡回硬币时，饭店的服务员快速上前，将硬币捡回并擦拭干净后，交还给李先生。李先生收回硬币，打开钱包，拿出 100元港币交给服务员，并感谢他的帮助。李先生拿回一个硬币，却给了 100元的小费。

  对于这个故事，李先生自己的解释是：每一块钱都有用途，不应该随便浪费，他捡回硬币，是要让每一块钱都发挥它应有的价值；而对别人的服务表示感谢，则是每一个人应有的礼貌，他给 100 元小费，是对人的心意。这是两件事。他并不是为了一枚硬币，付了 100 元的代价。

  我第一次听到这个故事，虽然也听到了李先生的解释，但理解得并不深刻，只感受到这是一个超级富豪的大方，非常人能及。一直到后来我创办的公司要被李先生收购时，发生了一件事，才让我更深刻地感受到那个故事的内涵。

当李先生的团队仔细地对我们的公司做完财务及法律核查后，提出了一个收购的价格，但这个价格与我们期待的价格落差甚大，而我们坚持要以我们期待的价格进行交易。李先生的团队不敢拍板决定，最后收购案呈交给李先生做决定。李先生在听完整个收购案后，说了一句话："我们不只是买一个公司，更是买一个团队，对人的事，就别太计较。"收购案就此成交。

我事后得知这段过程，再对照前面关于李先生的那个故事，一切都豁然开朗。这不是富人的大方，而是一个人做人做事的态度。

"为人厚道，处世精明"，这是另一个企业家康和证券集团会长郑世华的家训。郑世华的父亲教育他，只要做到这八个字，事业就会成功。而这八个字也印证了李嘉诚为人处世的基本逻辑。

郑世华承认，做事要精明算计，关注每一个细节，以期效益最大化，用最少的钱获得最大的利益。但是为人就不能这样，要尽可能地宽待每一个人，要厚道，这样才能广结善缘。

李嘉诚先生的作为，正是"为人厚道，处世精神"这八个字的最佳写照。在收购我的公司的过程中，他的团队早已从生意面进行精明计算，给出收购价格，这是处世与做事的精明。但李先生从为人与待人的角度出发，能体会到未来要一起打拼的团队的心情，他愿意放弃精明的计算，以换取团队的认同与共识，这是"为人厚道"的最佳批注。因为人心如水，水能载舟，亦能覆舟，太过精明的计算，可以得到短期的利益，却无法得到双赢与人和。

"为人厚道，处世精明"是十分简单，甚至有些"八股"的格言，却让愚钝的我在经历几件事之后才体会到。处世精明是简单的"获利最大化，效益最大化"的逻辑，很容易体会，但如果也用这种方法来对人，则可能沦于小气刻薄，因小失大而不自知。

后记

1. 有一位企业家要为贫困的小学生买保险，因为是公益性质的，所以请求保险公司的董事长给予折扣、共襄盛举。而保险公司董事长的回答是"生意是生意，不能有折扣"，保险公司会另找机会做公益活动，这是两码事，不能混为一谈。

这是典型的生意逻辑。大多数的生意人把生意与公益彻底切割，以免纠缠不清，所以出现"一毛不拔"与"一掷千金"的魔鬼与天使的两种嘴脸，令人无法理解。

2. 在一次演讲中，一位企业家回应说："通常人中有事，事中有人，如何能既精明又厚道？"这就是其中的难处。人与事无法切割，又要算计又要退让，李嘉诚先生收购我的公司的故事就是先精明算计，后放手，先后有别。但也有所谓的"带着宽厚之心的算计"，这是另一种模式。

3. "为人厚道，处世精明"，将这两者并存于心，是为人处世的最高境界。商场上所谓的"双赢"极为少见，就是因为很少有企业家能将此二者融会贯通。

18

我爱"真小人"

"小人"是高度负面的字眼，而"真小人"也不是什么好词，社会上很少有人会以真小人自居。

年轻时，我不承认我是真小人，可是 50 岁之后，我知道君子难成。在我们真正做成君子之前，真小人是君子的先修班①。不要隐藏我们的喜好，不要粉饰我们的缺点，不要让别人有不正确的期待，这样反而容易与人相处。

我在创业初期、自有资金不足时，找了一些投资人共同参与，除了亲朋好友，也包括一些企业家。

我永远记得，有一位知名企业家，当我找他投资时，他一口答应，还告诉我，他百分之百相信并支持我，让我放手去做，不要担心。

能遇到这样的股东，我十分感激及庆幸。可是后来发生的事，完全出乎我的意料。当我创业遇到困难、要继续增资时，他不但不愿增资，而且指责我工作不力，责问我怎么这么快就把股本赔光了。他完全变了一个人，还要求退股，当初说的那些全力支持的话，全是虚言。

反而是一些投资时不太爽快的人，投资前反复质疑、询问再三，但投资后，当我遇到困难时，却对我勉励有加，并愿意继续支持我。在创业的

---

① 先修班是指中国 20 世纪 40 年代，为提高大学程度，对大学低年级学生进行大学预备训练的机构。

过程中，我看到两种人：伪君子与真小人。之后，这两种人都跟着我一辈子；我还发现，社会中大多数都是这两种人。

根据我的观察，社会上真正的君子与小人，都非常稀有，因为君子与小人都是社会中的异类，而大多数人都在伪君子与真小人之间徘徊、摇摆。

如果说表里如一、说到做到的是君子，口是心非的是小人，那么大多数人都是努力做好人而最后做不到的伪君子。而真正愿意从一开始就不掩饰自己的丑陋与复杂的人，极为少见，这种人在我的定义中是真小人，真小人反而是我最喜欢的人，而我自己也宁为真小人而不为伪君子。

君子最基本的层次与道德无关，只与说话算话、表里如一有关。

大多数人期待自己是好人，也以各种正向价值自我期许，如仁慈、和蔼、宽容、大方等。在生活顺利时，大多数人能够尽可能地遵守这些原则。而在处境艰难时，就会忍不住露出本性，最后君子做不成，就成了伪君子。

大多数人在公众场合、在人前，都会努力做出伪善的样子，而把一切复杂的算计，隐藏在别人看不见的地方。但自己到底是个什么样的人，只有在夜深人静、午夜梦回时，才能真实面对。

当我想清楚这种自我伪装的真相时，我就以真小人自居，我也开始喜欢与真小人往来，因为真小人不伪善，真小人直道而行，不会有令人意外之举。

与人合作时，我会把我的期待、我的禁忌说清楚，把丑话讲清楚，以免别人有不正确的期待。我不伪装仁慈、不伪装慷慨，也不伪装好相处；我更不伪装自己是好人，因为我清楚自己离"好相处"很远。

我可以不说话，但我说出来的话，一定是我真心诚意的话；我做出的承诺，我也一定会全力以赴去实现。

我不必"见人说人话，见鬼说鬼话"，遇到讨厌的人，我会躲开，因为一旦见面，我无法掩饰我讨厌对方的情绪，这让我不自觉地得罪人，成为一个不好相处的人。

我一辈子努力尝试做君子，但在我做不成君子前，我只能做真小人！

后记

1. 如果用君子与小人的标准来衡量，人类可以分成四个族群：小人、伪君子、真小人、君子。小人与君子都不多，真小人一样不多，数量最多的是伪君子（见下图），而且本质上，伪君子更像小人，而真小人则更接近君子。

2. 小人对别人的伤害不大，因为大家都知道他是小人，都会远离他、避开他，但伪君子让人猝不及防，因为他身边可能围绕着很多人，一旦发生伤害，常让人措手不及。

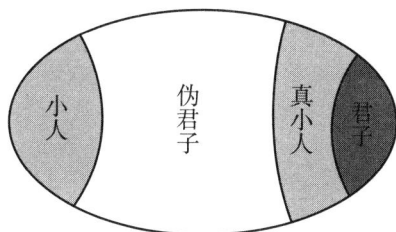

19

你有情，
不能期待别人
一定有义！

人与人的互动是相对的，我们对别人好，当然也会期待别人对我们好。可是如果别人并没有对我们好，则大多数人都会伤心、遗憾，甚至做出报复的行为，从而彻底破坏了原有的互动关系。

有一位好朋友，我非常珍惜和他的情谊，努力与他交往。出国时，我永远会记得帮他带些礼物；有什么好东西，我也一定会分一份给他。我知道他喜欢吃金枪鱼，每年都要从东港直送最好的金枪鱼给他，我这样努力经营与他的关系，却并没有得到对等的回报。

我和他的关系一直是一般朋友，他还有许多互动比我密切的朋友，他们常常聚会、吃饭。言谈间，他不时透露出对这些朋友的重视。每次想到这件事，我就心有不平。

这是：我欲将心比明月，可是明月却照别人！

有一位作者，他是一个单纯朴素的人，经过我努力的培育，这位作者从第一本书卖得不怎么样，到第三本书终于取得不错的销售成绩，我很高兴培育有成，满心期待未来与他继续合作。

谁知道这位作者却与其他出版社合作，直到临出书前才告知我，他想试试其他出版社，希望我能谅解。我心中波澜起伏，但也只能故作大方，在社群网站协助推广他的新书信息、出席他的新书发布会表示支持。

这是：我欲将心比明月，谁知明月照沟渠！

有一个很有才华的年轻人，我很欣赏他的才气，从报纸上看到他离职的消息，我就主动约他见面、吃饭，千方百计地为他安排了一个顾问职位，让他可以在公司内部了解情况，也看他能不能给公司带来一些帮助。

我还不时鼓励他创业，因为他是一个创意十足的人。

一年后，他真的创业了。他彻底了解我们公司的生意模式后，去做了完全一样的事，且百般批判我们公司的不是，鼓励我们的客户转去与他合作。

这是：我欲将心比明月，谁知明月横刀算计我！

类似剧情一再发生，我觉得自己是天下最倒霉的人，总是被人背叛。刚开始我十分愤怒，甚至决心要报复，可是我总会很快回到工作状态中，一旦全力投入工作，就逐渐忘了要生气，也忘了要报复。

结果山不转路转，这些人又会被我碰到，而且我是真的可以好好报复，可是事过境迁，我的气也消了，修理他，又何须我动手呢！天道不爽，自有天理报应他！

年纪大了之后，我对这种事情有了更豁达的体悟：世界上有情有义的人并不多，我们有情是为人处世高尚的必然，可是我们并不能因此期待别人也一定对我们有义。当我们受到别人不仁又不义的对待时，要知道这只是这个世界的常态而已！

遇到这种事，最无意义的就是愤怒和抱怨，因为愤怒和抱怨不仅伤心、伤身，更可能使我们做出错误的决定，使问题扩大、伤害加深。

我现在已经做好心理准备：我有情，是因为我是一个高尚的人，我做我应该做的事，但我不能期待别人一定有义，除非他也是一个高尚的人。可是高尚的人并不多，遇到"我欲将心比明月，谁知明月照沟渠的事"，笑笑可也。

后记

1. 对别人的好意，如果没有得到相对的善意回应，我们通常只会觉得失落，不至于有太深刻的痛苦。

2. 可是对别人的好意，如果得到恶意的回应时，我们通常会十分愤怒，甚至可能做出报复的行为，而使人际关系形成恶性循环。对我而言，这是我不会做的事，离开他、远离他，是我的回应，不做朋友就算了，何须为仇为敌呢？

Chapter

自慢的成长学习

2

无所不在的学习，
描述了我一生的学习态度与方法。
也是我这辈子获得一些成就的
真正的关键原因。

从小我就知道自己天分不错，但也并不特别好；我更知道自己家境不好，家庭只能给我提供最基础的学习环境，出国免谈，深造不可能。因此，我唯一能依赖的是在工作与生活中，自我探索与学习。

大学毕业，是我在校学习历程的结束。我知道，从此一切的学习、一切的成长都要靠自己。但也正因为这样，我摸索出许多让我"自慢"的经验。

无所不在的学习，描述了我一生的学习态度与方法。也是我一辈子获得一些成就的真正的关键原因。

《一点聪明，一点痴》，告诫自己不能依赖小聪明，虽然我不否认自己反应灵敏、见解独到。《对不在方法，对在人》与《承认自己是坏人》等文章，谈的都是人的变量，也就是自己。很长的时间，我检讨的是外在变量，环境、资源、时机、命运……而很少想到自己的对错，那是自省的空白，后来我知道真正可能有错的是自己，而自己更可能是丑陋的恶人！

还有许多文章是我在学习中得到的实际体验，如《策略与执行力》《如何精准计算》等，都是我用自己的话分析一些理论，当作是管理学者的旁证吧！

20

学习，Any time，
any where

人的成功与否，不在于能力是否很强，而在于能力是否能不断提升、增强，学习是每一个人进步的方法。大多数人的学习是制式的、正式的、有形的。但有一种学习，可以让人永远成长，那就是 Any time，any where 的学习……

刚进入职场不久的我，仍然是最爱玩的时候，有一次去乌来①露营郊游，一起参加的人里面，有一位溪钓高手，他携带了全部的钓鱼工具，准备让我们好好享用鲜鱼大餐。

我完全没学过钓鱼，但听到有高手在此，很高兴与他一起尝试溪钓。那天晚上，我们两个就一起彻夜垂钓。我因为不会、不懂，所以其实是他钓鱼，我当助手，有空时我也试试看。

这一个晚上是我的溪钓学习全体验。我从完全不懂、不断地问一些最基本的问题，到后来越问越深；我也从完全不会钓鱼，到试试看，再到后来我也能钓到一些鱼。刚开始，这位溪钓高手觉得我很烦，老问一些笨问题，但因为我也帮了些忙，所以就勉强回答了，到最后我们成了好朋友。

这一晚之后，我仍然不是溪钓高手，但我对溪钓这件事不再陌生。事实上，因为我对溪钓的理解，后来在工作上还得到了许多好处：一位客户是钓鱼爱好者，发现我也对钓鱼侃侃而谈，因而拉近了距离，使我多了好些生意。后来，我更是差一点创办一本钓鱼杂志。那一晚上的机缘，让我受益无穷。

---

① 乌来属于山林地区，位于台北南端，其居民以泰雅族为主。

那位溪钓高手后来对我的评价是：怪人，对陌生的事拥有强烈的好奇心。这点我完全承认，我是一个"好奇宝宝"，对任何事我都有兴趣，对任何事我都会研究一下。不管什么事，即使和我的工作、生活完全不相关，但只要在我身边、被我遇到，我都会仔细研究。尤其是，我对高手特别有兴趣，因为我认为从高手身上会找到最完整的答案。

我不晓得我的好奇心是从哪里来的，但我确定好奇心让我快速学习、快速成长，而且不需要有正规的老师，也不需要在学校的教室中，我在工作与生活中就可以自我学习、自我成长。那是无所不在的学习，也是随时随地的学习；学习，Any time，any where！

管理顾问彼得·圣吉（Peter Senge）强调学习型组织，认为组织要能自适应，自我学习和成长。对照自己的经验，我强调的是学习型人生，即每一个人都通过开放的胸襟，不断地自我改造、自我学习，而其中的关键又在于 Any time，any where ——无所不在的学习。凡走过必有学习、凡接触必有长进、凡看过必多懂一些、凡遇到必追根究底、凡高手必不放过，穷追猛打，追问到底。

这其中最需要克服的不正确观念就是：这跟我无关，干吗学？这么专业，我一定弄不懂！下一次有空再学吧！这都是大多数人的想法。正确的态度是：虽然现在跟我无关，但以后可能有用，反正现在没事，不妨了解一下；不论多难、多专业，我现在能学多少算多少，不放弃学习的机会；不能期待重回课堂的学习形式，那样的机会并不多。

孔子说："吾少也贱，故多能鄙事。"这是孔子多才多艺的原因。在工作与生活中，不论日子是好、是坏、是喜、是悲、是顺、是逆，对学习而言，日日是好日，分分秒秒可学习，也随时随地可学习！

后记

我无时无刻不在问，谁是真正的高手。因为这个社会充斥着"半吊子"达人——许多人敢说就成了"专家"，向这种人学习无异问道于盲。而真正的学习，要找到真正的名师，因此做任何事，我总要花很多时间去寻访名师，就怕问道于盲。只有找到真正的高手，学习才会步入坦途。

21

贵人出现，小人走开

春节是一年的开始，是许愿的季节。

在一次春节酒宴后，主人热忱地安排放天灯的余兴节目。每个人在天灯上写下自己的愿望，从身体健康、事业顺利，到两岸和平、祖国万岁，愿望无奇不有，说明了社会真是多元。其中，一个年轻人的愿望吸引了我，"贵人出现，小人走开"，这是职场中常见的说法，也是算命先生常用的话语，却引起了我极为深刻的思考！

每个人都在期待生命中的贵人，甚至把有贵人的帮助，解释为许多人成功的原因。很多人也常常遇到小人，把所有的不顺利都说是小人阻挠、搅局、作梗，"防小人"绝对是算命先生万无一失的警言，小人几乎是现代职场中普遍存在的全民公敌！

我对"贵人说"没有意见，因为回顾这一生，我确实承蒙许多贵人相助，才能逢凶化吉，但我对"小人说"完全不能理解，也不能认同。

我承认自己曾经遇到过一些麻烦的人，给我带来许多困扰，但这些人充其量不过是一些想法、观念、工作方法与我不同的人，我可以说"道不同不相为谋"，但说他们是小人，确实太过了。我遇到更多的是厉害的对手，他们聪明、高明、训练有素，常让我措手不及，但这些人充其量也不过是"敌人"，但不是小人。

敌人因立场不同，各为其主、各争其利、各谋其胜，是对手，可以"揖让而升，下而饮"；小人则是人品不佳、道德低下、手段卑劣、品行不良。想想看，在我们的周围真的充斥着这么多小人吗？我想不至于。理论上，"小人"应该是"坏人"的同义词，而"坏人"与"好人"又是反义词。从统计学上的常态分配来看：在整个社会中，好人与坏人都是极端值，都是稀有的，如果你觉得社会上好人不多、贵人少遇，那坏人、小人也都一定不常见。

但"小人说"又何以如此普遍呢？其实，这些小人大多数只是我们的对手（或者敌人）。当我们遇到难缠的对手，或是打不过的对手，最简单的疗伤止痛良方，就是将其"妖魔化"为小人。因为他是小人，道德低下、手段卑劣，所以我为"奸人所害"，输了没有什么可耻的，自己没有什么可以检讨的，一切的失败或挫折，都是命运之神的捉弄……

我不能说职场中完全没有小人，就算有，数量一定很少；但职场中的确充满了对手，因为每个人都想表现自己，又因为绩效评比，让所有的同事都成了对手。如果我们不能平心静气地看待职场中的竞争，而将对手"妖魔化"，那么所有的人就都成小人了。

把对手"妖魔化"为小人，还有一个严重的后果——无法向对手学习。对手能打败你，说明他必有所长，师敌长技以制敌，是下次反败为胜的关键。但对手如果是小人、是邪门歪道，那就没什么好学的了。

我很清楚，社会中的小人不多，只不过是因为我们戴了能把人"妖魔化"的眼镜，把所有的对手都变成了小人。当我们不能面对对手，学习对手的优点，而只能背对对手，吃着"妖魔化"对手的药，自我发泄，我们将永远是失败者，而且是个气量小的失败者！

后记

老朋友打电话给我，调侃我真是大气，心中无小人，气度不凡。我愧不敢当。我并不是真的没遇到过小人，其实还遇到过不少，但每次一想到这些人，他们如果是小人，而我又曾经与其为伍、与其为友，那我自己不也是小人了吗？否则怎么会跟他们在一起？那就宽宥他们小人的罪吧！同时也排除自己是小人的可能性！

22

一点聪明，一点痴

如果一个人才气不足，庸庸碌碌地过一生，也就罢了。

问题是很多人才气纵横，最后却没什么成就，那就冤枉了。通常这些人都是"聪明反被聪明误"，太聪明的结果是耐性不足，不能按部就班、一步步地向前走，他们虽然有一些小成就，但是不会有大功业。

希望这篇文章能够让所有的聪明人，从另一个角度再想一想自己。

我见过一个非常聪明的年轻人，学历高，拥有国外的硕士学位，他一度成为我最看好的未来接班人选之一，但这件事始终无法如愿。

他做任何事都能快速上手，且表现杰出。但问题是，他刚熟悉一个职位，就开始想升职，他的期待与要求总是比主管能给的要多。当然，基于人才培养，许多次我也按照他的意愿，提拔了他。甚至我还一度自责，是不是我的反应慢了，以至于让一个有为的年轻人，浪费了太多的时间，埋没了他的才气。于是我密切注意他的动向，以免再度犯错，结果又被他先开口要求，落入后手，进退两难。

结论是：他还是比我急、比我快，我的小心仍然赶不上他急切的欲望。最后我不得不承认，他实在太聪明了，聪明到在组织中很难找到一个适合他的职位，我不得不放弃这位让我曾经爱不释手的年轻人。

后来他走上创业之路，以他的聪明，很快拥有了一些小成就，每年有金额不大的获利，足以让他逍遥自在。可是从此他面临瓶颈，如果要做更大的事，光靠聪明是不够的，还要有决心、毅力、格局、气度、勇气，而其中有许多特质都是他欠缺的。

我只能替他可惜。一块好材料，只因为太聪明了，聪明得机关算尽，做所有的事情都要用最快、最容易的方法，期望速成、期待短利，缺少一股"痴劲"与"傻劲"，使自己陷入"舒适"的泥潭中，拥有小成就，难成大格局。

这让我想起财经前辈汪彝定先生的一句话，"慧女不如痴男"，如果排除性别，这句话正是这个案例最好的批注，即"慧"不如"痴"。慧易成事，但难成大气；痴似呆拙，但孜孜矻矻、一点一滴，最后终能成就大事。

如果你是"痴"人，那么"痴"人没有捷径，只能努力，无须多言。问题是社会上"痴"人少有，大多数是聪明人（或者自以为聪明），聪明人精于算计、心思复杂，以至于小算盘每天打、时时打，稍有困难就不做，稍遇挫折就放弃，眼前无利就回头，长远大计无心想，结果是小事可成，大事难成。

最好的做法是，不论你是聪明人还是痴人，都给自己留一点"痴心"，刻意去做一些看起来笨的事，凡事想长远一些。利益不要计算得那么精准，刻意找一些辛苦、困难的事来做，刻意找一些需要冒险进取的事来做。然后坚定你的决心、考验你的能力、激发你的坚持、磨炼你的意志、成就你的耐性。让成果滴满你的汗水、泪水，这是另一种修炼。

聪明才智，是上天给你的恩宠，当然要感谢，但这也是上天给你设下的陷阱，让你少了执着、坚忍的力量。最好的搭配是"一点聪明，一点痴"，有足够的聪明才智分析难易、好坏，但也要有足够的耐性去做一些短期看起来并不聪明，但对于长远有利、有益的事。最终决定每个人格局的关键是"痴"，而不是聪明。

后记

明明是聪明人，如何拥有"痴"心？

其实这是小聪明（street wise）与大智慧的差别。聪明人选容易做的事，大智慧的人选难做的事，因为难做的事做的人少、竞争者少。有时候还需要有精诚所至、金石为开的耐性。没有耐性，等不到春暖花开，能等、能忍的通常是"痴"人与"痴"心。

23

对不在方法，对在人

　　每一个人都在研究别人的成功经验，学习别人的成功方法，认为用对了方法，就有机会成功。从逻辑上来说这是没错的，"它山之石，可以为错"，但学习对的方法，并不能保证成功，这其间还有别的变量。

　　人就是其中的关键。任何工具，换了人，效果就不同；任何方法，换了人，结果也不一样。在学习方法的同时，请思考一下自己，思考一下人的不同，而自己是不是对的人，要真心面对！

　　有一个年轻人努力工作，忙碌了半辈子，一直在创业做出版，却没能真正赚到钱。有一天他急着跟我见面，想告诉我一个突破性的计划。我虽然忙，但很乐意给年轻人一点意见、鼓励。他说，他决定学习某位成功的同行的做法，一年只出20本书，但要求本本畅销，用少而精，替代多而杂，以提高销售额、利润率。

　　他又说，他仔细观察了那位同行的做法，即大量阅读国际书讯及出版消息，并参加国际书展与国外出版企业建立良好关系，这样就能拿到大书、畅销书。听完他的想法，我百感交集。

　　我想起另一个例子。我投资的一家小公司亏损连连，我与主事者恳谈，想找到原因，好协助他。可从头到尾他一直在诉苦：时机不对、竞争者太强、资金不足、员工太笨，并且告诉我，他已尽全力改变，但没有用。

　　这两个例子对我而言，有相同的启发。第一个例子是"对不在方法，对在人"，因此学别人的方法是没用的，因为人不一样；第二个例子则是"错不在方法，错在人"，因此检讨方法是无效的，因为人根本是错的。人的不同，决定了事情的成败。而我们看问题、检讨问题时，往往忽略了人，而着重在方法上。

或许应该说，并不是我们过度强调方法，而忽视人的问题，其实人只有在检讨与自己有关的事情上，才会不自觉地忽视人的问题，因为只要是人有问题，很可能就是自己有问题，而我们能面对自己可能是"笨蛋"的事实吗？不太容易！

对于第一个例子来说，那位出版同行的成功，是因为主事者知识渊博、判断精准、眼光独到。因为有英明的选书人，才能做对书、选对书、赚到钱。我告诉这位年轻人，要学习别人成功的经验，先要解读"人"、学习"人"，把自己变成跟他一样的人，再学习他的方法才有用。

第二个例子，恳谈完之后，我的结论很简单，我根本看错了人、投资错了人。生意没错、时机没错，方法也没错，因为人错了，所以把一切都弄错了。不幸的是，他根本不认为自己有错。

人最不了解的就是自己，总是放大自己的优点，忽略自己的缺点，甚至觉得自己没错，一切都是别人的错、外部环境的错，一切都是运气的错、时机的错。

面对与自己有关的事，正确的检讨或思考模式应该是，"一切都是我的错"，先假设自己有错，强行找出自己的错。经过这样严苛的自我检视之后，如果自己有错，你应该会很快找到犯错的原因，并进行改进；当然也可能自己没错，而经过不断反思、自省之后，你更有信心去检讨外部的人或事。

如果要学习别人的成功经验，关键不在学习方法，而在学习"人"，学习成功者的态度、思维、风度、气量，这些才是成功的核心，也是方法背后的潜在要素。不要陷入一般人只会学习方法、本末倒置的状态中，永远在追求方法的更新，而忘记一切要从自我检视、自我反省开始。

在人的社会中，人才是核心；在自己的生涯中，自己才是关键。自己的对与错，决定了一切，不要被表象所迷惑，不要怕面对自己的丑陋，只有这样才有机会找到正确的答案。

后记

　　我并不是否认方法的重要性，但我习惯于回归人的原点，因为太多的经验告诉我，同样一句话，有人说来令人动容，有人说来虚情假意，解读自己、了解自己的长处和短处，会让自己少走很多冤枉路。

　　管理大师杰克·韦尔奇在接受《商业周刊》访问时说："人对了，就对了。"显然，东西方的看法相近。

24

策略与执行力

策略是高尚而伟大的事，每个人都喜欢谈，但我怀疑是否大家都懂；执行力也一度是热门话题，但什么是执行力呢？

做对的事与把事情做对，是我对策略与执行力的解读。没学问，但易懂、好用，极具参考价值。

几十年前，策略一词风靡企业界，经营企业要谈策略，不谈策略，简直没知识、没学问、没前途；2003 年，执行力成为企业经营新的流行词汇，不谈执行力，一样没知识、没学问、没前途，甚至还多了一条罪名——落伍，赶不上时代！

说老实话，我一直没弄懂策略，我对不着边际、天马行空的事没兴趣，对执行力倒是颇有心得。年轻时，对老板交代的事，从不知如何说不，总是傻乎乎地去做；年纪大了，当了年轻人的老板，做任何事总要找到切实可行的方法才敢下手，下手之后，就全力以赴，不达目的，誓不罢休。

对策略与执行力，这两个管理学中的流行词汇，我倒是有自己的简单解读。策略是什么？就是在正确的时间选对的事做，做对的事（Do right things）；执行力是什么？就是全力以赴，把事情做对、做好（Do things right）。这两者，一个是高层次战略上的事，一个是低层次战术上的事。

平心而论，大多数员工用不到策略，就算用得到，机会也少之又少，那是老板在选择大方向、进入新领域，"要不要上市？""要不要扩张？"

这种时候才用得着的事。

不幸的是，策略已经成为企业经营最重要的话题，每个人都想运筹帷幄，却把工作细节放在一旁。天马行空地谈大事、谈方向、谈规划，但底层翻土、施肥、除草的事，却没有人认真做好，结果使企业经营之田荒芜。

员工真正用得到的是执行力，老板交给你任务，做什么事已经确定，策略思考的空间很小，你要思考的是如何把任务完成、把事情做好；老板让你做的事可能是错的，但是你还是有机会把错的事做对、做好，让公司得到比较好的结果。更严格地说，执行力不只是把事情做对，还要用更少的时间、更少的资源投入，得到更大的成果，这就是执行力。

大多数员工用得到策略的地方，反而不是在工作上、在公司里，而是在规划职业生涯的时候：选对行业了吗？选对公司了吗？跟对老板了吗？选对适合自己的工作了吗？这都是你在进入职场前，要决定的事。

奉劝所有的员工一句话：彻底做好现在的工作，高效率地执行，这才是你的本业，至于策略，回家去想吧！

后记

1. 我不是喜欢读书的人，但真要读书，一定要把书中的道理转化为我自己的想法，并用我自己的话，把道理重述一遍。目的是真正消化书中的道理。只有我能够成功地重述书中的道理，我才有心领神会的感觉。

策略的书看多了、听多了，但一直到我用自己的话讲出来，我才觉得摸到了策略的边，才能体会到策略是什么。无论听到什么大师的言论，都尝试用自己的话，重新说一遍吧！

2. 有人问我，可不可以把策略和执行力再说清楚一些？

我的说法是，"一个人或组织，思考现在处于什么环境，未来可能如何变动，组织或个人应该做什么事、应往何处去"，这是策略思考，是当我们还未决定行动之前，必须要想清楚的事。简单来说，也就是"什么时候做什么事、怎么做，会得到最好的结果"。而执行力是已决定什么事之后，如何用最快速、最有效率的方法去完成。

25

第一时间，勇敢面对

危机随时都有可能发生，因此处理危机是每个人一生中必须研究的课题。成功的人，都是度过危机之后变得更加强大、茁壮的；失败的人，也通常是在危机中覆亡的。

美国房地产大王特朗普遭遇过多次危机，但他"第一时间，勇敢面对"的态度，让他逢凶化吉，这是危机处理的法则。

20 世纪 90 年代初期，美国的房地产魔术师特朗普因快速扩张，再加上经济不景气，而面临破产的危机，负债数十亿美元。所有的人都在等着看特朗普的笑话。这时候，特朗普选择在第一时间主动面对所有金融机构。他邀集银行团见面，提出延迟还款五年的计划，并且要求银行家们继续支持他，他会回报金融机构长远的获利；但如果他破产，所有的人都将受害。

特朗普果真得到了金融机构的支持，而在五年的调整和改善之后，他又成为美国知名的富豪、成功的企业家，没有人受害。这是经典的危机处理案例，方法只有一句话："第一时间，主动且勇敢地面对！"

这让我想起自己第一次创业的经历。当年我开了一家"青年商店"（小型超市），开店前，因为贪图进货折扣，进了一批数量极大的洗衣粉，结果根本卖不掉。但我完全没有意识到这个问题，也没有采取任何措施。几年后，一直到商店关门，这批货都没有卖完。

类似的情况，常常发生。遭遇问题，忽视逃避；面对危机，推托延宕。非要等到火已经烧起来了，才开始想办法急救，通常大祸已成，回天乏术。

台湾地区有许多企业，都是在拖延中灰飞烟灭的。

对所有员工而言，遇到困难、面对问题，是每天都有可能出现的情况；对企业经营者而言，出现经营危机，也是必然的事。问题是，大多数人的习惯都是喜欢面对顺境、讨厌面对逆境。忽视困难、淡化问题、漠视风险、逃避危机，是人之常情，只有极少数胆识过人的英雄人物，能在"第一时间，勇敢面对"问题与危机，才能渡过难关。

那么，如何能成为一个不逃避问题、勇于面对危机的人呢？方法很简单，就是把最多的时间和精力，分配给那些你心里不喜欢做的事！

我的经验是：如果我有几件事要做，那些我很想做或是喜欢做的事，通常是好的事、容易做的事，或者是锦上添花的事；而我不想做的事，通常隐藏着困难、暗藏着危机。同样的，如果你管了许多部门，你喜欢去的部门通常是好的部门；你不想去的部门通常是问题部门。

而逃避问题最常见的方法就是忽视它，或者认为它根本没问题。内心的直觉，会让你不喜欢有问题、有困难、有危机的工作。当我想通这件事之后，我重新安排我的时间与工作，第一时间优先处理我内心不喜欢的工作，花最多时间去与我不喜欢的部门沟通，花最多精力去面对我不喜欢的人。因为这些部门、人和事，通常代表着问题与危机。

当危机或问题已经显现时，就进入紧急处理阶段。身为企业经营者，这时候更是危急存亡的关键，就像特朗普一样，要不是他主动面对，他的房地产王国恐怕早就不存在了。"第一时间，勇敢面对"的法则，是每一个人都要学会的。

后记

地震救灾，有"黄金 72 小时"的说法，因为超过 72 小时，人存活的概率就会大幅降低。危机处理也有类似的观念，危机乍现时，伤害较小，而后逐渐扩大，最后彻底毁坏，回天乏术。

每个人都有可能走错路、误入歧途，每个人也都可能遇到麻烦事。在最快的时间面对，立即处理，是唯一的方法；逃避拖延，则万劫不复。

26

自杀以求生存

人常常要面对转变，转变代表未知、代表风险，大多数人都会在面对转变时踌躇不前，以致错过了时机。那么，如何能在关键时刻做出正确的决定呢？

"自杀以求生存"是一句气势恢宏的格言，在管理学中也有理论依据。成功的公司受限于既有的经验，以致无法启动新的经营模式，下决心放弃原有模式，这是自杀的准备。个人面对转变，也要有"自杀以求生存"的决心。

有一个艺人朋友，长期为职业生涯规划而困扰。许多年来，我们一见面就会谈到他想转行的问题。原因无他，艺人是论时计酬的，虽然薪酬高，但生命周期短，年纪一大，就不能做了，因此他一直想发展第二职业，以做准备。但这许多年来，他既没下定决心，也没付诸行动，因为他丢不掉现在的高收入，也害怕转行需要面对的风险。我对与他这样的讨论感到厌烦，干脆一见面就先声明："今天只谈风月，不谈工作。"

另一个有为的年轻人，一直对我从事的出版业感兴趣，也和我谈了许多年，他问我有没有机会来从事出版工作，我当然乐意。只可惜他一直在影视圈工作，待遇甚高，降薪去实现理想，他下不了决心，因此一切都是空谈罢了，只是他又一直以未能从事出版工作为憾！

我最近重读哈佛大学教授克莱顿·克里斯坦森（Clayton Christensen）

有关创新理论的巨作《创新者的窘境》（*The Innovator's Dilemma*），感触良多。我发现这两位朋友遇到的困难是有理论依据的，他们都被现在的成功模式所困，以至于不敢跨入新领域，这就像所有成功的企业一样，当面临新科技或环境变化时，总是踌躇不前，他们面临的是"转变的两难"。

　　克莱顿·克里斯坦森教授的建议是，成立新公司、新组织，独立于原有组织之外，以测试新科技、新环境、新市场，迎接挑战。同时要做好心理准备，因为新公司未来可能占领原有公司的生存空间，这是"自杀以求生存"，不过自杀总比被人杀死好，而且自杀之后，还有新公司延续生命，这是另一种形式的永续经营。

　　"自杀以求生存"是一句多么壮烈的话，只是太血腥，也太凄凉了。对大多数人而言，其实没有自杀的勇气与决心。好在克莱顿·克里斯坦森的真义，并不是要大家自杀，他只是要大家面对新环境、启动新公司、采取新作为，用你现在还能赚钱的经营模式，去投资创新产业。自杀也是一种心理准备，意味着有一天当"创新模式"席卷而来时，既有的公司可能会死亡。

　　更大的问题在于，如果你没有及早启动应变计划、采取行动，直到面临生死存亡之时，才采取"自杀以求生存"的行动，一切都来不及了。许多大公司的衰亡，都是当环境已经变化，新产品、新科技已经成为主流时，才采取行动，可是这时新兴公司早已以迅雷不及掩耳之势席卷市场，并且已建立许多进入障碍，大公司根本来不及响应，比赛就已经结束了。

　　一切的行动，要从危机开始，当感受到创新科技、创新公司及环境变化的威胁，就要采取行动了。这个时候，创新科技生产的产品，其功能可能还不足以满足主流市场的需要；这个时候，创新公司的实力可能还不足，可能还只是不起眼的"车库公司"；这个时候，社会环境可能还只是一小部分前卫人士在谈论新的趋势、新的生活形态，一切都跟你过去所熟悉的状况没两样。但是这些时候是你采取自杀行动的黄金时间，再晚就来不及了。

　　企业的状况比个人好多了，因为企业可以"以新带旧"，新测试公司的生命可以与原有公司重叠，那是"First Curve"（第一曲线）与"Second Curve"（第二曲线）的关系。企业不需要自杀，只是建立一个新公司而已。但个人不同，你的职业生涯不能重叠，一个人不可能做两件事，顶多只能培养新兴趣、学习新技能，以待日后不时之需。但这还不是人生的转变，面对真正的转变，仍然需要有自杀的决心。

后记

　　一个读者问我，说自杀太严重了，而且一个人要如何自杀呢？答案很简单，当然不是真的自杀，而是舍弃：舍弃现有的成果、现有的习惯、现有的工作，因为如果不舍弃，我们就无法下决心转变。

　　把自己放在一个回不了头的环境中，做了过河卒子，只有勇往直前，这就是自杀，进而才能重生。

27

工作不当"在野党"

许多员工喜欢负面思考，面对公司、老板，总是对立、批判，总是想从公司得到更多，稍有不顺心，就对公司恶言相向，这样的员工是紧张、痛苦的。

公司可以选择个人，个人当然也可以选择公司；合则来，不合则去。其实不用互相为难，寻找认同自己的公司，做公司内的"执政党"，这是我快乐工作的秘诀。

刚进媒体工作的时候，我发现同事们非常喜欢批判公司、批判自己的报纸、批判老板、批判组织，而当时的我，正沉醉于这家媒体所提供的舞台给了我发挥能力的机会，那种成就感胜过一切。因此，我对同事们的批判行为百思不得其解。我很想问他们："如果你们对公司这么不满意，为什么不辞职呢？"

所幸我始终没有问出口，否则一定成为过街老鼠，人人喊打。后来我才明白，组织（公司）里永远有"异议分子"，有"在野党"。就算组织的制度再好，总有在组织内受挫折的不满分子，他们永远从负面的角度看问题，因此公司会被他们编派得一无是处。而媒体人就更不用说了，一向伶牙俐齿、批判成习，对外批判惯了，对内也绝不会手软。

可是有一件事，我始终不明白。公司是我们工作的地方，从某种意义上来说，就像我们的家一样，就算这个家再不和谐、再简陋，也是家，为什么要去批判它呢？批判自己所服务的公司，不就等于批判自己吗？或许有人会说，公司只是我上班的地方，并不是我的家。公司是公司，我是我，为什么不能批判？尤其当公司有不对、不好的地方，我更应该讲出来。

我当然理解，公司是公司，我是我，两者之间并无等号。但我相信的是，就算公司并不是我的家，至少也不是我的仇敌，没有必要老是负面看待它。更重要的是，我可以选择公司，如果公司不好，腿长在我身上，离开就是了，为什么还要留在原地，却相看两厌、恶言相向呢？

因此，在工作与公司之间，我得到一个清楚的结论：只要在公司服务，我一定在工作上成为"主流派""执政党"，公司的政策与我的想法完全一致，我是最认同公司的员工，这样我在公司中会拥有良好的工作心态与很大的工作成就感。

不过这样的期待也可能是一厢情愿的，我的能力、我的表现，很可能比不上我的同事，想跻身"主流派"而不可得。这个时候，我会判断自己所处的位置：我有没有机会表现得更好，更受重视、重用？如果有机会，我会等，我会忍。但如果没机会，我会义无反顾地"逃"。我离开媒体去创业，有一个很重要的、不为人知的原因，就是我的同事中高手如云，我打不过他们、比不过他们，逃避总可以吧！

经过这几十年的打拼，我更确认在职场上、在工作上做"主流派"的重要性。因为我看过太多扮演职场"在野党"的人的悲惨下场。有些人在工作上长期被边缘化，得不到认同、得不到肯定，弄得自己抑郁终生，变成可怜的人；更严重的是，和公司反目，沦为裁员、遣散的对象，浪费了青春、浪费了生命，得不到自我肯定。

我确定：要工作，就认同公司、认同老板、全力以赴，做组织的"执政党"；要不就辞职走人，天下之大，岂无我发挥之地？寻找认同我的公司去奉献。只有一件事，我绝对不做：在组织中沦为"在野党"，自怨自艾、抱怨批判、浪费青春、虚度生命！

后记

　　有人问我，在公司中做"主流派"，不就是做老板的"走狗""应声虫"吗？

　　我不愿用这样的思考方式。我认为员工和公司、组织、老板是一家人，做"主流派"的意思，是与公司有共识、有共同的愿景，与老板利害与共。

　　做"主流派"的意思，更是大家同心协力，形成一个紧密的工作团队，这样才能创造最佳的工作氛围。

28

承认自己是坏人

大多数人不承认自己有缺点，听到别人对自己有负面的评价，第一时间做的是解释、辩驳，而不是检讨、改进。孔子说"闻过则喜"，但前提是要先承认有过，之后才能喜、才能改、才能进步。

人不能承认自己有缺点的原因，是认为自己是好人、完人，如果我们能承认自己是坏人，身上有许多缺点，那就不会浪费时间去解释、辩驳了。

每次看到媒体对我们公司的报道，我总是觉得不对劲。如果是负面的报道，那当然不是事实，都是媒体断章取义、别有用心；可即使是正面的报道，我也觉得不对，觉得媒体没有写出我们公司真正的好，对我们公司不够了解！

如果是听到别人对自己的评价，那就更极端了——绝对不认可任何负面的评价。听到负面的评价，我们通常的反应是：这是谁说的？第一时间要找到"诽谤"自己的对手。通常知道是谁说的之后，我们就会这样辩解："因为我得罪过他，所以他就报复我！"或者"这个人讲话本来就不客观，他看谁都不顺眼……"有时候我们虽然觉得别人的说法有些道理，自己可能确实有这样的缺点，但最后还是免不了为自己辩驳："是他误会了，当时的情况不是那样的，我绝对不是那样的人……"

　　有很长一段时间，我活在别人评价和自我认知间的战争中。不论我多么真诚，也改变不了别人可能对我做出的一些负面评价；不论我如何解释，也无从让所有的人都了解我。那是一段痛苦的日子，我活在别人负面评价的阴影中，找不到真正的自我。

　　直到有一次，媒体写了一段我们公司的负面新闻，其离谱的程度已经达到我不需要辩驳，社会大众就知道不是真的。这次，我反而哈哈大笑，自我嘲讽："一定是我过去当记者时，写了非常多缺德的报道，现在才会有这样的报应！"这次的坦然面对，让我有全然不同的感受，我觉得真相永远在那里，没有人能一手遮天。而好与坏之间似乎也没有清晰的界线，都因评价者的立场和态度而定——朋友会说我是好人，敌人会说我是坏人，而我到底是好人还是坏人呢？谁知道！

　　有了这次的经验之后，我开始走出别人负面评价的阴影。我不再在乎别人对我的评价是否合乎我自己的认知，我只在乎这些评价背后的事实如何。如果这些负面的评价是事实，那我就努力去改正自己的缺点。

　　又过了一段时间，我的认知升华了。我知道自己可能是坏人，会有"坏心眼"，会做"坏事"，因为我并不是完美的人，我只是一个会犯错的平凡人，因此我以更坦然的态度面对外界的评价，连分辨事实与否都免了。我假设自己就是坏人，别人对我的负面评价就是事实，因此我唯一该想、该做的就是如何去改善，去改变。

　　我发现我对自己的调整变快了，因为过去我常会浪费时间去分辨对错，现在却可以直接检讨、改进，避免了许多口舌之争。更重要的是，当我承认自己是坏人之后，所有的人都愿意给我意见，提醒我改善，因为我不像过去那样自我防御、拒人于千里之外了。承认自己是坏人，才是真正变好的开始。

后记

1. 有很长一段时间，我不愿意再规过劝善了，就算是很好的朋友，我也不再直言不讳。

因为给朋友提建议，都要冒着引发争辩、引起不愉快的风险，甚至还会被朋友误认为我对他有成见。可是当我习惯闭起嘴巴之后，我知道最受伤害的是朋友，因为问题会永远留在他们身上。

2. 许多人不能承认错误，主要原因是缺乏自信，更可能是能力不足，深怕承认错误之后，就会被人轻视。寻找自信，是改过迁善的开始。

29

好做的事与把事做好

我们经常本末倒置：当我们搞砸一件事时，我们会说这件事太难做了，所以没做好。而到底是事情难做，还是我们没做好？谁都不知道。

正确的观念是：把事情做好，就算难做也好做；没把事情做好，就算好做也难做。

遇到一个许久没见的下属，我关心地问他："现在在做什么？"他回答："我开了一间小店，可是实在很难做。"他接着反问："何先生，你知道现在有什么比较好做的吗？我想找一个比较好做的事。"我无言以对。

每个人都在寻找好做的事、容易做的事。普通员工碰面会问："你那个工作好做吗？"意思是说：工作轻松吗？责任轻吗？薪水待遇高吗？生意人碰头会问："你那个生意好做吗？"意思是说：竞争激不激烈？好不好赚钱？一般朋友相遇，问的也是工作好不好做，意思是是否"事少、钱多、离家近"？

我无言以对的原因是，世界上哪有好做的事、轻松的事、容易的事？可是为什么大多数人每天都在找好做的事？许多人找了一辈子，什么也没找到，换来的是一生一世的蹉跎！

我听过一个医生家族的长辈告诫下一代，学医要学皮肤科，千万别当外科医生。因为美容整形正流行，好赚钱又没风险，外科医生既辛苦又有风险。我还听过一对父母要孩子长大去当老师，不是要"得天下英才而教之"，而是可以收补课费，并且退休生活优裕而轻松。

这都是令人伤感的说法。如果全社会的人都拣轻松、好做的事做，那辛苦的事谁来做？我们的社会会变成一个多么急功近利的社会？

撇开社会的公益不谈，就个人的角度来看，工作趋吉避凶理所当然，但问题是一味地寻找好做的事，真能得到最好的结果吗？

我个人是不相信这个说法的。我不相信世界上有好做的事，不相信有容易赚的钱，更不相信有容易经营的生意！

我不相信"好做"，我只相信"做好"，因为世界上没有好做的事，任何事只要你能把它做好，最后都会有好的结果。

一个人只想找好做的事，根本是认知上的错误，因为世界上没有好做的事，用一辈子的时间去找，也不可能找到，结果只会落得一个好高骛远、眼高手低、不切实际的评价。

寻找好做的事，是聪明人的思考，是用巧，是走捷径。选择一件事，把这件事情做透、做好，是笨人的事，是痴人的思考，靠的是傻劲，靠的是执着。

"好做"的路，熙来攘往、人声鼎沸，大家都挤在一起，就算有好做的事，也早有人捷足先登，八字不够好、不够硬的人是轮不上的。而就算你有机会遇到，过不了多长时间，也会因不断有人跟进而人满为患，一旦大家都跳进去做，好做也变成难做了。

"做好"的路，参与者较少，因为笨人不多。做好要靠苦力、靠耐力、靠死力，而一旦做好，别人就算闻香而来，跟进学步，也并不容易，这是管理学上的"进入障碍"，也是核心竞争力。

舍"好做"，要"做好"，是在当今竞争激烈的社会中的成功要素，不要再犹豫、再寻找，也不要再问那个笨问题："你那一行好做吗？"

后记

一个朋友想投资做一本杂志，专程来问我的意见："某某类型的杂志好做吗？"我告诉他，现在社会竞争激烈，任何细分市场都人满为患，没有一种杂志好做。

这位朋友不太满意，觉得我不肯讲真话。我十分无奈，看来人们想要摆脱"好做"的观念是十分困难的。

30

追根究底的专业精神

　　我看大多数人的工作，都不顺眼，或许我有处女座的"龟毛"①吧！可是"龟毛"之外，我强调的是做对、做好。如果凭本能就能做，一定做不好，只有经过痛苦的追根究底的过程，才能做对、做好，那是专业的要求。

　　每次看日本的电视节目《抢救贫穷大作战》，我都会感慨：原来这个世界还有这么多人根本不知道怎么当老板，可是却在当老板。要想当一个成功的好老板，对每一件小事，都要有极深的认知，这些认知，其实就是现代企业经营所强调的专业性。

　　经营企业只有两种形态：专业与业余。专业的老板会成功，而业余的老板也许在短时间内，因为机缘、运气而小有所成，但长期下来终究是要失败的。《抢救贫穷大作战》永远拿达人（专家）与业余的老板做对比，让专家来教导业余的老板怎么做生意。从 step by step（一步步怎么做），到理念的灌输，到服务的热忱，到做好每一件事的坚持。印象中，这个节目从来没有谈过赚钱的方法，可是赚钱是老板用专业的方法、专业的精神，做好每一件事之后，随之而来的。

　　达人并非天生，要经过长期学习、历练、钻研才能成为达人，学习与

────────────

① 龟毛，台湾地区方言，指当一个人非常无聊、无趣，或者非常认真而做出的一些异于常人、导致周围的人都相当抓狂的行为。简单来说，就是形容人斤斤计较、婆婆妈妈。

历练是承袭前人的经验，而钻研则是发扬光大，创造新的竞争优势。每一个达人都有独门绝技，有的可以公开、有的不传外人，但他们都是通过长期探索、研究，在不断"追根究底"之后，而成为专家的。

这样的专业精神，放诸四海而皆准。记得我曾经问过台塑集团的许多高级主管："台塑被誉为经营的典范，那么台塑的管理精神是什么？"他们的回答是不一致的，说明台塑集团内部并无统一的说法，不过归纳起来，都指向一个重点，那就是"追根究底"的态度。当时无法体会，"追根究底"这个通俗易懂词，是如何塑造出一个台塑王国的呢？

后来接触了比较多的管理实务，我发现每一件事情的解决都要通过追根究底的过程。工作没效率，追根究底是人，还是方法、流程以及其他因素造成的，哪里有问题，就改哪里，一路追到彻底改善、效率提升为止。

追根究底的过程中，我们可能不仅要自己找答案，还要找专家、找同行、找其他行业的人帮助我们，制定标准化的作业流程，然后不断改进，这就是优化。然后要求员工反复练习，一直到熟练为止，如果每一次作业的误差都很小（六个标准偏差），当然可以达到最高的合格率，得到最好的绩效。

任何一个人，如果能用追根究底的精神去探索工作、生活的每一个细节，都有机会培养出某一种专业技能，而拥有追根究底的专业态度，当然就是专业的人。成功人士一定是专业的，你要成为哪一种人呢？

后记

现在社会流行达人，任何领域都要寻找达人，可什么是达人呢？答案就是"专业"！

31

少用判断，多用计算：
如何找到答案

每个人每天都在做决定，大多数的决定都是凭经验、感觉做出的。每个人都需要发展出一套尽可能量化的决策过程，用数据、用计算、用分析得到结果，而不要用直觉碰运气。

刚开始做出版时，编辑来问我："有一本书的内容是这样的，作者是谁，我感觉这本书的内容不错。何先生，你觉得怎么样，值得出版吗？"

那时候，我不敢承认我不懂，只有努力地和他一起讨论内容、讨论作者、讨论市场，然后做一个连我自己都不知道是对还是错的决定。

回想那一段经历，我能存活到现在，真是承天之幸。

后来，当然就不是这样了。我们设计出一张电子表格，我称它为出版的"帝王窗体"（成本估算表），把所有的思考都尽可能地量化，只要输入各种参数，就会自动计算出可能得到的运营结果。从此，我们依赖计算，很少做出主观判断，这是一个去掉直觉、少用主观判断、搜集资料、多用计算的过程。

主观判断与计算有何差别？主观判断是直觉的、使用信息少的、问结果的，它往往是现象与经验的反射、反应。

可是计算不同，计算需要以丰富的信息与数据为基础，然后进行复杂的计算，再分别就每一种可能性仔细计算利弊得失，让决策者在复杂的情况下，得到可以做出判断的依据。

严格来说，计算是做出判断的第一步，将所有可能性的利弊得失都计算清楚之后，判断才有用武之地。计算强调的是过程，强调的是预测未来，强调的是精准分析，强调的是得出数个可选方案。

反过来说，判断可能是盲目的，它主要凭借的是经验与直觉。不幸的是，经验又有高度的风险性，因为经验是过去的积累，而判断是要为未来做决定。用过去的经验去分析未来可能发生的事，难免会产生极大的偏差，而导致判断错误。

或许我们应该说，精准的计算是大企业做的事，因为大企业有足够的人力、资源、知识，让每一次决策都在足够的信息和情报的基础上完成最佳的分析。从理论上来说，这样的决策，犯错的可能性较小。

不幸的是，作为一个企业经营者，大多数的情况都是在不可能完成这么精准的计算下，用判断来做决定的。那么，如何避免判断错误呢？

快速计算的习惯养成是非常重要的，快速计算的习惯包括几个重要的步骤：第一，尽可能地搜集情报；第二，找出关键性的变量；第三，就这些关键性的变量，进行快速的计算，以形成几个不同可能、不同结果的方案；第四，就这些方案再进行最后的判断。

经过这些程序，或许我们仍然不能全然掌握未来的动向，但至少可以减少直觉的判断，进而减少直觉的错误！

后记

说到计算，我们都应该感谢微软公司推出了 Excel 软件，它的电子表格能力超强，解决了许多问题。我常告诉朋友，做生意如果不会用电子表格，那么赔钱是应该的。

32

热情：疯狂的热情

疯子不是好的称呼，但也不见得是坏的说法，这个世界如果没有疯子，将会一成不变、平淡无奇。一个人如果一点"疯劲儿"都没有，也只会是芸芸众生中，多一个不多、少一个不少的平凡人。

人不要变成疯子，但要有疯狂的冲动、执着、兴趣、信仰、追求，对你相信的事、不满的事、愤怒的事，你都要有疯狂的热情，去投入、去完成、去改变。

31 岁那年，是我媒体生涯最疯狂的一段时间，连续很长的时间，我都没有休长假，全心投入到记者工作中。有一天我忽然惊觉，我和老婆已经很久没有一起出游了，一时大起玩心，决定安排 5 天的花莲、台东之旅，以弥补对老婆的疏忽。

我正式请了假，也安排了友人在花莲、台东接待我们，还有专车在花莲载我们夫妇俩畅游海岸山脉……一切都如此顺利，老婆更是惊喜万分。

但更令人惊讶的是到花莲后的第二天。

我悠闲地在旅馆吃早饭，习惯性地找来《联合报》看（《联合报》是我们最主要的竞争者），每天早上看《联合报》已经变成我的习惯。

谁知一打开报纸，一切都变了，《联合报》的记者在我休假时送了我一个独家大新闻。看到这个独家新闻，我一句话都没说，便开始盘算怎么能立即结束休假，回到台北上班。

老婆看我神情有异，提醒我：现在在休假，天塌下来都别管。我没回答，立即查到当天下午 5 点多有一班从台东飞往台北的飞机，我决定用一天时间结束假期。

我告诉司机，我要在下午 4 点以前抵达台东机场，在这之前，我和老婆有六七个小时的时间，可以从花莲向南，玩遍花东海岸。老婆虽然有一万个不愿意，但也无法阻挡我回报社工作的行动。

就这样，5 天的假期变成 2 天，当天晚上我就回到报社上班了，我所有的同事（包括主管）都觉得我是个疯子，竟然为了一则不大不小的新闻放弃难得的假期。

我也不知道怎么说，只是当时我对新闻工作有着一股疯狂的热情，我投入工作、热爱工作，没有任何事比工作更重要。不是主管要求我这样做，也不是报社要求我这样做，完全是我自己的信念在驱使我，我愿意这样工作，或许在外人看来我就像个疯子，包括我老婆在内，大家都这样说我。

离开报社、自己创办媒体之后，我逐渐对自己当年"疯狂的热情"有了更完整的体会。

我确定新闻工作对我来说不只是工作，因为我也曾做过别的工作，却没有"疯狂的热情"，如果那只是工作，我不会有这么大的动力。

不是工作，那会是什么？那是我的兴趣，那是我的信念，那是我想做的事！

从创业开始，我便在媒体这个行业中赌上了我的青春、我的一生，我知道这是我真正喜欢的事，这是我的兴趣，这是我即将开创的事业方向，这更是我可以一生追逐的志向。

因为这是一生的追求，所以我才会有疯狂的热情，会做出旁人无法理解的事。

有人问我要根据什么选择工作，我回答：兴趣。有人问我创业与领薪水有何不同？我回答：兴趣、信仰与疯狂的热情，这是创业源源不断的动力来源，而领薪水不会让你体验到这些。

大多数领薪水的工作者，很难感受到"疯狂的热情"，可也有很多创业者，心中只有赚钱，也不会有"疯狂的热情"。每个人都要想想，你对什么事有"疯狂的热情"？

后记

　　1.我还记得，当年我结束休假回到报社时，报社同事惊讶中还带着些许的不满，他们认为我放弃休假回来上班，给了他们压力，意味着他们未来也要这样做。我无法顾及他们的感受，只能做我该做的事，因为疯狂本来就要特立独行。

　　2.我最怕内心毫无波澜的人，对什么都喜欢，也都不喜欢，没有特殊的兴趣、爱好，这样的人不会有特殊的成就。不幸的是，这样的人占80%。如果你是这样的人，先培养兴趣和爱好吧！

33

勤奋：从第一个字
读到最后一个字

人生中有太多的困境，在困境中，我们如何度过？如何化险为夷？

加倍勤奋、加倍努力、加倍付出，应该是最基本的方法，只是这种最基本的"笨"方法，经常会被遗忘，也经常被聪明人弃置一旁，这或许就是聪明人经常被困境打败的原因。

勤奋、努力、付出是笨方法，却是最有效的方法，天道酬勤、功不唐捐，笨人往往有强大的力量。

我有一段非常特殊的经历，就是在 3 个月之内，从一个近乎"白痴"、什么都不懂的新记者，变成一个对所有财经政策、商场动态、产业知识都能脱口而出的老记者。我的方法很简单，就是读报不放过任何一个字——死记硬背。

1978 年，《工商时报》创刊，那年 9 月我正式成为筹备中的《工商时报》的新记者——没有任何经验，对所有的财经事务一无所知。而当时我们的对手《经济日报》已创刊十余年，所有的记者都经验丰富。采访过程令我痛苦不堪：受访对象三言两语，《经济日报》记者已对大致情况了然于心；而我因缺乏背景知识，完全不在状态，以至于经常"抓瞎"。

面对这个状况，我知道自己必须用最快的方法弥补，否则只能等着"挨打"。我想出一个最笨的方法，就是订阅一份《经济日报》，然后每天把它从第一个字读到最后一个字，不仅读内容，还包括所有的广告。

这当然是一个无聊、无趣且极为痛苦的过程，《经济日报》的版面中充斥了人名、公司名、产业名、产品名、原料名，再加上数字、专业知识、专有名词……第一个星期，我只看懂一半不到。看不懂怎么办？看三遍，先背起来再说。

这是个极笨的方法，但效果极佳，看懂的部分当然就知道了，而看不懂的部分，我也大概能归纳出一些问题，当遇到有耐心的采访对象时，我就可以追根究底寻求解答。

大约过了一个月，我大概把当时台湾地区商场上主要的人、公司、产业，都弄清楚了，也把正在产生的重要议题大致掌握了。等到12月1日《工商时报》创刊时，我对台湾地区经济的基本知识、动态及来龙去脉的了解，与对手《经济日报》的老记者们已不相上下。我用最笨的方法，在最短的时间内弥补了作为新记者最大的不足。

人生是漫长的马拉松竞赛，要用稳定的步伐向前迈进。但人生也常会遇到危急的艰难时刻，这时我们就必须用非常手段，全力冲刺，才有机会突围。每一个人全力冲刺的方法不一样，我用3个月追赶有10多年经验的老记者的方法，就是我勤奋工作的极致，也是我快速成长的代表作。

首先，我设定了3个月的目标，从理论上来说，这是不可能的；其次，我选择了最笨的方法——死记硬背；最后，我每天用16个小时投入工作，除了睡觉与吃饭的8个小时，我都在学习采访，其中4个小时在读报，2个小时在报社的档案室中翻阅过去的剪报档，这也是在读报，剩下的10个小时，我不是在外面采访，就是在报社写稿。我每天早上8点就出门，一直到晚上12点才回家，那是一段工作极辛苦，但精神上极丰富的日子。

这次经历塑造了我"极速"工作的典范。正常状况下，我可以用稳定的步调工作，但必要时，我知道如何全力冲刺。我可以几天不睡觉，全力工作；我也可以连续几个月，每天只睡几个小时；我还可以用常人无法想象的方法工作。总之，我就是要化不可能为可能。

没有这种"极速冲刺"的经验，千万不要说你已经体验过人生。

后记

1. 在《工商时报》刚开始发行时，与我一起进入报社的同事，常常会因为我对背景知识的熟悉而感到吃惊，他们也不时问我，是不是曾经当过记者，否则怎么会知道这么多呢。我含糊以对，不敢把我的笨方法说出来，怕被人笑话。

2. "极速冲刺"的经验，在人生中很重要。每个人都要测试自己"极速冲刺"的可能，这样在必要时才能用得出来。

3. 组织中常安排各种教育培训，目的就是弥补员工知识与经验的不足，但经常效果不佳。原因很简单，当员工自己觉醒时，他会用各种各样的手段学习技能、弥补不足，就像当年的我一样，否则一切都是枉然，自己的认知觉醒最重要。

34

学习：
拿别人给的薪水，
学自己的本事

学习有三种，在学校中学习、在生活中学习和在工作中学习。学校就是为学习而设的，而在生活与工作中，学习都是附带完成的，不是每个人都能在生活与工作中完成学习。

每个人对工作都有自己的解读：是薪水的等价、劳力的付出、老板的命令，还是代表更多学习的可能？李模先生的"拿别人给的薪水，学自己的本事"，应该是关于在工作中学习的经典名言。

台湾地区知名民歌歌手李建复的一曲《龙的传人》唱遍海峡两岸，他的父亲李模则以能干多才享誉台湾财经及教育界，李模的一言一行，一直是台湾地区很多人心中的典范。

我为李模先生出版的自传式回忆录《奇缘此生》中，讲述了一个改变我人生态度的故事，即"拿别人的薪水，学自己的本事"。这也是影响我一生的几句格言之一。

李模先生年轻时是流亡学生，在日本发动侵华战争时离开家园，当时的李模连高中学业都没完成，在一个税务机关当临时工读生。他从收文的工作做起，因为工作认真、学习努力，很快他就可以把发文的工作一起完成了。就这样，他不断地扩大工作范围，最多的时候，一个人兼了7份工作。

我问李模先生，为什么要兼这么多差？他说："一方面是想多赚些钱，准备进大学念书；另一方面我认为怎么有这么好的事，我在工作中学到了好多本事，不但不用交学费，竟然还有人付我薪水！因此就努力多学多做，因为这是拿别人给的薪水，学我自己的本事！"

我那时刚工作不久，正为工作繁重所苦，颇有不如归去之感。听到李模先生这一句"拿别人的薪水，学自己的本事"，顿感振聋发聩、恍然大悟。

这句话成了我努力工作、认真学习的理由。

以前主管交办新工作，我都会推托，能闪就闪、能躲就躲，实在躲不掉，心里还会不断抱怨：为何这么倒霉，怎么又是我？觉得老板总是压榨我的劳动力。

而有了这句话，我的想法改变了，我不再抱怨接受新工作、新任务，而把新工作视为新的学习机会、学习可能，我高高兴兴地接受，积极地面对新的挑战。

奇怪的事情发生了，那些以前被我视为痛苦的工作，不再令我痛苦。而有些很困难的工作，过去我要费尽九牛二虎之力才能完成，后来竟然都不再困难了。因为工作量增加，在不断练习之后，我变得手脚利落、灵活干练。面对新事物，我能够快速学会、上手，我成了老板最信任的员工，也成了单位中最受倚赖的首席战将。

我不像李模先生一样，一个人兼了 7 份工作，因为现代企业经营中已不可能有这种事，但是我成了团队中困难与问题的解决者，不论发生什么事，只要我出手，就一定可以搞定。

这个经验强调的是学习，而不是工作的回报。薪水可能是固定的，多做事不会立即有更多的回报，但学习得到的是"自己的本事"，这是组织拿不走的资产。组织得到绩效是一时的，而本事学在身上，我们得到的是一辈子的好处。

我想起孔子的名言："吾少也贱，故多能鄙事。"这句话背景是，孔子的门生问孔子为何多才多艺？孔子回答：因为幼年家境不好，所以什么事都要自己做、自己学，因而学会了很多"粗活"。孔子的话验证了多做事是能力提高的重要原因。

现在我十分宣扬这个观念，尤其是对初入职场的年轻人。大多数的年轻人能接受，但也有少数人会问，如果多做事没有多拿回报，是不是就吃

亏了呢？我的回答是，人生这笔账，计算的不只是金钱，回报也不一定会
立即呈现。

你在多做、多学的过程中，得到的能力、认同、肯定，都不是金钱能
够衡量的，而未来的机遇也不是现在就能计算出来的。

后记

1. 李模先生是台湾地区经济发展中的重要人物，他职业生涯的起点在
法律界，但在教育及经济界中也贡献卓著。他稳重、执着、干练，是少见
的财经人才，也是年轻人学习的典范。《奇缘此生》一书完整呈现了他的
成长历程。

2. 我们需要转变观念，明白工作不是付出、负担，令人讨厌的事，而
是学习的机会和能力培养的过程。

Chapter

自慢的专业方法

3

经过不断尝试后，
我自己找出许多工作的方法，
这些方法是不是最好的，我不知道，
但这是我最自慢的方法。

我在大学念书的时候，暑假在邮局打工，负责邮件的分区、分拣工作。每天都有成千上万的邮件，要按各区域分别归类，才能分开送达。那是一份极其无趣的工作，我一度想中途逃离，但害怕留下不良的打工记录，只好勉强留下来。

但日子实在太难熬了，一定要想个方法排遣烦闷，于是我向自己发起挑战。我以3分钟为一节，看看每一节我能分拣多少件邮件，刚开始每一节能分拣100多件，到最后我的最高纪录是每一节能分拣超过300件。当然为了提高速度，我不断研究步骤与方法，经过不断测试，再反复练习。当我打工结束时，主管颁了一个奖给我，因为我是分拣邮件速度最快的工读生。事实上，许多邮局的正式员工也比不上我。

用专业的态度，探索工作的每一个细节，并找到最佳的工作方法，这是我一向的工作习惯。我会先做分解动作，并重新思考工作逻辑，然后改变流程。经过不断尝试后，我总结出了许多工作的方法，这些方法是不是最好的，我不知道，但这是我最自慢的方法。

35

从复杂到简单：
工作成就的基本原理

事情做不好的原因只有一个：事情太复杂，以至于员工的能力不足以应付。而改善的方法只有两个：要么把事情变简单，要么提升员工的能力。只是员工能力的提升旷日废时。因此，把事情变简单是唯一的方法。

刚开始做出版的时候，书卖不好，我只好想尽各种办法来卖书：办演讲会推广，办书展打折促销，找特殊渠道低价批销，拜托经销商对我们的书给予特殊照顾。所有的努力，都是为了把产品卖掉，改变运营的窘境。

但大多数的努力都白费了，生意虽然多做了一些，但因此增加的成本似乎更高。更可怕的是，所有的特殊做法，都把公司的运营模式变得更加复杂。许多的做法彼此冲突，以至于不但运营情况没改善，还搅得公司混乱不堪，员工每天都在"救火"。

事后，我终于弄清自己犯了什么错。事情做不好的原因只有一个：事情太复杂，以至于员工的能力不足以应付。而改善的方法只有两个：要么把事情变简单，要么提升员工的能力。只是员工能力的提升旷日废时。因此，把事情变简单是唯一的方法。

然而，我所有的改善行为都是在把事情变复杂，结果当然是缘木求鱼！至于如何把事情变简单呢？改变自己、改变产品是最简单的方法，因为我没做出读者需要的产品，所以产品卖不掉，只要我改变想法、做法，做出真正满足读者需要的产品，问题不就解决了吗？

有了这段惨痛的经历，我开始观察所有的生意，发现这世界上不乏和我一样的笨人：一个 $10m^2$ 大的小店，可以制作十几种面，牛肉面、排骨面……问题是样样难吃，生意不好是因为手艺不好、口味不好，而不是品种少；一家小贸易公司，代理了几十样商品，问题是没一样卖得好；一张小小的名片，上面印着十几个头衔，什么事都做，却不知道什么才是核心专业。

年纪越大，经验越多，我就越清楚简单的重要性，越明白简单是许多事的关键成功因素。

许多人因为简单，一辈子只做一件事，因而成就无人能比的专业技能，成为某行业的顶尖达人；许多生意因为简单，只解决大众的某一种困难，因而变得不可或缺；许多产品因为简单，只针对、只满足一种人，市场不大，但准确的定位使卖方具有较强的话语权；许多人因为简单，心思单纯，容易相处；许多人因为简单，目标清楚，勇往直前、义无反顾，最终取得成功；还有人因为简单，立场坚定、始终如一，所以赢得信任。

简单还可以以各种不同的形式呈现：生活简单，是无欲则刚，人品自高；目标简单，是聚焦，是方向明确，是达成共识，是团结一致；方法简单，是流程简化，是明确标准作业程序，是成本降低，是竞争力提升；做人简单，是不说假话、表里如一，是无不可告人之事，真诚相待。

人的成长是一个从简单到复杂的社会化过程，但随着知识与经验的复杂化，我们容易丧失简单的本色。面对外界的复杂，内心回归简单可以帮助我们重新发现自我、认识自我。

后记

刚开始当记者时，常觉得受访者没诚意。问成功的企业家："你成功的原因是什么？"他们的回答不是认真，就是诚信，要不就是努力。问成功的销售人员："你为什么成功？"他们的回答也毫无新意：勤快、认真、心中有客户……

当我体会到简单的道理后，发现一切答案确实就是如此简单：回到原点就会成功。我们不成功，是因为连最简单的事都没做好。

36

想清楚，
写下来，
说出来

我遇到过许多非常能干的人，这些人经常纸笔不离身，不论何时何地，都随时记录。面对这种人，我态度谨慎且心怀恐惧，因为白纸黑字、清楚明白，这样一来，所有的问题在他们面前都无所遁形。

大多数人偷懒，只用嘴巴沟通，以致表达出来的内容与实际情况有极大的落差，如果能养成"写下来"的习惯，会大幅提升工作效率。

要观察一家公司是否严谨，看他们如何开会就知道了。如果开会时每个人都只带一张嘴巴，即兴发言，这肯定是一家不严谨的公司，因为每个人都只是用直觉与反射神经在互相应对，不可能有深度的思考与规划。

我年轻的时候就是如此，一向自恃口才好、反应灵敏，因此在大多数情况下，我都会即时反应、即时应对。除非有人要求事先提交会议资料，我才会勉强应付。当有机会比较这两者的差异时，我才幡然悔悟："想清楚，写下来，说出来"成了我强迫自己养成的工作习惯。

从此以后，我要求开会时，每一个与会者务必事先准备文字资料。我的下属都知道，我最讨厌只带一张嘴巴来跟我胡说八道的人。而且我最了解这些人是如何糊弄事的，因为我曾经是那个最会带一张嘴巴到处糊弄事的人。

"想清楚，写下来，说出来"看起来是三个步骤，其实关键只有一个，就是"写下来"。准备一份书面材料，会使所有不明确、不精准、不严谨的问题一目了然。

根据我的经验，即使不写下来，我也并不能想得少，"想清楚"这个步骤是永远存在的。但是因为没有写下来，想只是发散性的思考，是片段性的、不延续的，从这种程度的思考直接跳到说的过程，会有非常多的遗漏。同一件事，如果有机会重复说，我发现自己每一次说的都不一样，这就是没有"写下来"造成的。

而当我决定"写下来"以后，我发现我想得更加严谨了，而不再是天马行空地想。我会先用 bottom up（自下而上）的方法，写下每一个相关的思考要点，这些要点是发散的，形成足够的量之后，我再用归纳、演绎等方法进行整理，然后我会将它们重新组合，形成一份结构严谨的书面材料。最后，再根据这份书面材料进行说明。这就是"想清楚，写下来，说出来"的三个步骤。

如果还有机会把书面的文字材料，进一步整理成图解式的表现形式，那么对自己、对其他人，都会更加一目了然，也更加具有说服力，这绝对会加快讨论、沟通与达成共识的速度。

或许有人会说，"写下来"是一个太过烦琐的过程，我只是表达意见而已，有必要这么麻烦吗？我要说：第一，"写下来"这个步骤是一项训练，只要你养成习惯，就会发现它绝不烦琐，可以很快完成；第二，"写下来"更是一种工作态度，代表你有始有终、严谨小心，有助于你在之前"想清楚"，在之后"说明白"，这是一个关键步骤，不能省略。

更何况，未来是数字时代，留下记录，留下档案，是非常重要的。你应该训练自己闭上嘴巴，除非你已经把要说的话写下来了。

后记

语言是沟通的工具，文字是记录、存证的工具，而文字化的过程，又可以让思考彻底沉淀。擅长使用文字的人，通常是深沉而严谨的。

在我的工作档案中，留存着无数的文字记录，如各种计划书、策划书、文章、便条，这些记录下来的文字中充满了我的回忆。

37

做了、做完、
做对、做好

为什么做完了所有的事，却达不成原定的目标，得到的结果和自己想象得不一样？

仔细拆解工作完成程度的四个层次，即做了、做完、做对、做好，就不难找到问题的症结了。

在每个月例行的检讨会中，有一个杂志团队报告自己的运营出现了问题。我仔细检视了他们的产品，直观感受是，他们并没有真正了解读者的需要，因而其产品也就没能真正满足读者。于是，我尝试着针对定位应如何调整、选题和内容应如何修正提出建议。没想到这个团队的主管竟然告诉我，他们就是这样想的，也是这样工作的。

我十分纳闷，这本杂志现在的内容，跟我所说的方向差距明明很大，他们怎么可能是像我说的那样做的呢？仔细分析后，我终于了解：这是执行方面的差异造成的。他们的定位大致是对的，但对定位的理解不深刻，在实际工作中出现了很大的偏差，所想的和所做的完全不符，以至于结果不佳。

严格来说，工作完成程度有四个层次：做了、做完、做对、做好。如果事情很简单、流程很清楚，那么工作做了就等于做完，甚至就等于做对、做好。比如下班要关灯这件事，只要做了，就是做完、做对、做好，四个层次没差别。但大多数工作并没有这么简单。以办公室的电话总机为例，做了、做完、做对、做好完全不一样。因此，虽然人人都可以做总机，但每个人的工作成果不一样，你很容易辨别谁做得好，谁做得不好，而他们的工作成果，也反映了整个公司的严谨程度。

做了与做完的评判标准是具体而明确的。许多工作的流程复杂，做了不等于做完。公司管理之所以讲究流程标准化，就是为了保证每一项工作不论谁做、什么时候做，都能确保做了、做完，并得到一样的结果。

做对与做好则不容易检验，需要看结果是否达到了我们预期的目标，如果没有达到预期的目标，就是没有做对，也没有做好！

以前面的杂志团队为例，他们的定位没错、方向没错，也编出了一本刊物，这是做了，也做完了。但读者不认同，这是没做对，也没做好。当我仔细检视杂志内容，更有趣的事情出现了。杂志内容的主题吻合定位，证明选题是对的，但仔细看，不是无病呻吟、没搔着痒处，就是一笔带过、轻描淡写。这就是典型的没有做对、做好。

做了、做完是表面的层次，比较容易完成，当大家水平都不高时，做了就是做好。但当整个行业成熟之后，竞争更加激烈，则讲究的就不只是做了、做完，还要求做对、做好。每一次看日本的电视节目，都能感受到他们每做一件事都要做到极致的精神。从他们的敬业精神、研究精神以及对客户的态度中，我可以感受到那是一个追求"做对、做好、做极致"的社会，每一个人对待每一种工作都在追求"达人"的境界。

我几乎可以确认，大多数人的水平只达到了做了、做完的层次，离做对、做好还差得很远。一个人无论从事什么工作，都应该仔细想一想，自己还有多大的成长空间。

后记

有一个读者问我，做了、做完比较容易检验，而做对、做好要怎么检验呢？

这是一个有趣的问题。做了、做完是显而易见的，而做对、做好则不容易从表面上观察到，需要有更具体的检验方法；而且是否做对、做好，通常要根据客户的感受来衡量。

38

工作的加法陷阱

正确精准地做事，工作会做完一件少一件，但不正确精准地做事，工作会越做越多，因为要花更大的精力去弥补错误。

这是一个忙碌的社会，每个人都在马不停蹄地和工作奋战，和时间奋战，用生命去换取成果与金钱，缺乏停歇与思考的空间。

因为工作做不完，因为想做的事太多，因此就急急忙忙、仓仓促促完成每一件事，求的就是更快出成果。

问题是，你在这样的工作循环下，真能得到想要的成果吗？答案是否定的，因为这样你会陷入工作越做越多的加法陷阱。

理论上，工作是做完一件少一件的，不考虑新加入的工作，如果你有五件工作，做完一件剩四件，做完两件剩三件，这是正确的工作方式，所产生的是良性循环，即工作越做越少。

可是，大多数紧张、忙碌的员工，陷入的是工作的恶性循环——工作的加法陷阱。

我有一次让秘书寄出两封问候函，分别给两位商洽中的合作伙伴，因为我正要在这两家同性质的公司中，选择一家合作。很不幸的，我的秘书把两封信装反了，后果可想而知。当他们知道我"脚踏两条船"时，就没有人理我了。不管我和我的秘书怎么解释、说明都没有用。

　　事后，我们检讨为什么会发生这样的悲剧，原因是秘书太忙了，每天堆积如山的工作，让她喘不过气来，所以她只能匆忙地工作，无法小心谨慎地做好每一件事。结果是，每做完一件事，可能因为出现错误，反而增加了两件需要善后处理的事。工作就像孙悟空的头，砍掉一个，长出两个，砍得越多，长得越多。

　　我们得到一个教训：就算工作再多、再忙，也要小心、谨慎，仔细地做好每一件事。只有这样，工作的良性循环才会出现，才会做完一件少一件。否则，我们就会陷入工作的恶性循环之中——做完一件多两件的加法陷阱。

　　现代企业管理，讲究的是要有标准化的工作流程、优化的工作方法，也就是精准、高效地完成每一个工作步骤，把每一项工作做到最好、做到完美，讲究的是质的提升，而不是量的增加。

　　员工也应该严格要求自己，对待忙碌的工作，要保证质量，养成好的工作习惯，一步步仔细地做好每一件事。宁可慢，不要错，这样才会进入工作的正轨，形成做完一件少一件的良性循环。

后记

　　这是一个追逐速度的世界，要用最短的时间完成最多的事，工作的加法陷阱——事情越做越多——就是追逐速度的后遗症。

　　"贪心"也是让员工陷入加法陷阱的原因之一，因为期待太高，让自己的负担过重，以至于忙不过来而牺牲了质量。有时候，放慢脚步是必要的。

39

准时是经营的原点

秘鲁人很少准时，以至于国家不得不举办全国对时仪式，希望借此敦促国民养成准时的习惯。对个人而言，准时是修养、是礼貌；对公司而言，准时是纪律、是竞争力、是效率，对此绝不可等闲视之。

日本 7-Eleven 集团会长铃木敏文在他的著作《7-Eleven 零售圣经》中特别指出，零售的成功秘诀之一是清洁维护，这是多么不像道理的道理，一点也不神秘。但是这么基本的常识，却是 7-Eleven 集团成功的关键，实在发人深省。

企业经营也有类似的情况，准时是人人都知道的原则，也是高效率经营与成功的关键。

每个公司都有计划，每个计划也都有时间表，问题是有多少人能精准地按时间表执行计划？每个计划都有太多的变量与意外，最后所有的时间表都是"仅供参考"，而大多数人也都对"不准时"习以为常，从未意识到准时是高效率与成功经营企业的关键。

长期的媒体工作，让我养成谨守"deadline"的习惯，因为刊物要准时与读者见面，任何的意外都必须得到管理与补救，与读者见面的时间不能延误。这个习惯很自然地被我运用到公司管理上，刚开始这只是过去经验的延续，我并不知其中的奥秘，但长期下来，我确认准时是一切经营的原点，也是效率与质量的保证。

为了做到准时，你必须要有能力管理意外与变动，而要管理意外与变动，就要预留出足够的应变时间，并进行精细的管理，还要事先制定好遭遇意外时的替代方案。如果能提前做好准备，并精细管理，那么在不出现意外时，你就有多余的时间去精雕细琢每一个工作环节；当你精雕细琢每一个工作环节时，就会把错误发生的可能性降到最低，把工作的质量提升到最高。这样，公司的经营水平一定会较过去有大幅提升。这就是我体会出来的"准时是经营的原点"的道理。

这个道理人人皆知，但是很少有人真正做到，这也印证了企业经营"没有 Magic，只有 Basic"的道理。

至于能不能准时，做不做得到准时，这完全不是方法的问题，而是态度的问题。只要你把准时当作工作的原则，你就会想尽办法做到准时，而且一定能够准时，因为为了准时，所有意外都会得到管理，当意外能够得到管理时，就没有任何不能管理的事了。

后记

我曾经让不准时出席会议的高层主管站着开会 10 分钟，从此之后，全公司奔走相告我如何无礼、如何严厉，但也从此知道守时、准时。

也有人质疑，很多事情无法控制，如此严格地要求准时，并不合理。这绝对是错误的说法。为什么很少听到有人坐飞机迟到？因为你会提前到达机场，你知道飞机不等你。

因此，要不要准时是态度、规则，而不是不合理。

40

"好用"的人正当红

每个人在组织中都有明确的职位和分工，这是组织的基本原理。但这不代表每个人只能做一件事、只要做一件事，工作上的临时调度是难免的，愿意配合组织，承担艰巨工作的人，通常是组织积极培养的人才。

一位从国外留学回来的主管，拒绝了我交付的一项临时性工作，理由是这件事与她的职位和职责无关。我不能勉强她，也不能说她错，因为那项临时性的工作确实与她的分内工作无关，但从此我对她的好印象大打折扣。

理由很简单，她在公司里是个不"好用"的人。虽然她在职责范围内是称职的，可是当公司有变动、有紧急需求时，她态度生硬，画地为牢地不理会公司的需要，自然无法与公司同舟共济。

日本知名财经杂志 *President* 就曾提出"好用"的观念。在 21 世纪的新经济时代，企业内当红的职业经理人的特质之一就是"好用"，"好用"的人态度开放、不自我设限、多才多艺、学习能力强、可塑性高，愿意挑战新事物，也愿意以满足公司的需要为己任。

"好用"的人在企业内的团队作业中尤其重要。当企业不断追求降低成本、提高效率，并将业务进行大规模外包后，企业内各团队成员减少，每个人都是核心工作成员，因而多职能、多才能的人，就会成为企业内受欢迎的人才。相对而言，只会做一项工作的员工，如果不是相应岗位的最佳人选，很容易就会在组织重构中被牺牲、淘汰。

在体育界，"好用"的观念十分常见——能锋能卫的篮球选手，可能是最佳第六人；能守内野也能守外野的棒球选手，绝对是教练在组队时的重要考虑对象。因为这种"好用"的人选，在调度上是具有高度弹性的活棋，对于教练来说，具有更大的调度空间。

才能的多样化，只是"好用"的条件之一，更重要的是态度。上文提到的例子中，那位主管并不是能力不足，而是态度不对。

"团队优先"的态度，是新经济时代好员工的必备条件。20 世纪 90 年代提倡"人性管理"、尊重个人，结果产生了许多的后遗症：员工的自我意识高涨，凡事讲究"我喜不喜欢""我愿不愿意"，至于组织及团队的需要则被放到第二位。这绝对与"好用"的原则相违背，这样的人在企业的不断重构中，是首先被淘汰的人。

想在不景气的经济形势下存活，请让自己成为"好用"的人。

后记

这篇文章在网络上引起了极大的争论，在不断转载的过程中，出现了许多新的文章，许多人批评我的论点，当然也有人认同。

我始终没有做出回应，原因是组织的选人逻辑与个人的工作态度不见得相同，个人不愿成为"好用"的人，是个人的选择，我们无权置喙，而我的看法充其量也只是"一种意见"，仅供参考罢了！

◎佚名人士观点

基本上这是公司经营者的问题（指上文提到的女主管拒绝经营者交付的临时性工作一事），即他给一个专业人员安排工作，却要求她执行一些与她的专业及工作内容无关的工作。这不但违背了当初这位经营者请这位主管来上班的用意，也充分显示出这位经营者不懂得用人之道。当这位主管合理地拒绝这项工作时，她事实上是希望经营者去思考工作分配的合理性，并反省组织中的潜在问题。

这里所提到的"好用"，应该是员工的自我期许，每个人都应该努力提高自己的能力，包括提高专业知识、培养多样化的才能等。但别忘记所学的技能除满足自己外，在适当的职位上有所表现才有价值。

作为一位经营者，除了要了解专业技术，还要知道如何规划、整合相关技术及人力，有时还得面对客户及厂商，并且有能力进行财务规划、业务规划、公司发展规划。同时，他还要明白，自己在人力资源上的任何安排都将对公司造成决定性的影响。

其实，在企业中第一个会被淘汰的就是"好用"的人，当一个人有多种才能时，就表示每一种才能都不精，就算你能力很强，你也没有时间把每一件事情都处理得很好，所以一旦你的主管发现你"好用"并开始用你时，你就会掉入事情做不完的陷阱里。当你无法在主管交代的时间内完成任务，试问此时你的主管还会喜欢你、给你更多的机会吗？

因此，在自己的职责范围内努力成为一个"好用"的人才是重要的，并要适时检验自己工作的质与量。勇于说"不"，对于不合理的要求勇于拒绝，且不接受不属于自己的工作本来就是应当的，并没有错。与其要求员工完全地配合，这位经营者不如冷静地思考一下该如何分配工作，这样问题就迎刃而解了。经营者不要把自己的责任转嫁给员工，还大言不惭地批评员工的不是。

以不景气来威胁员工，却不知公司无法获利的最大责任在于经营者。一个无知的经营者毁掉的不仅是自己的公司，还会拖累所有的员工及其家庭。而安全的往往是投资者，反正投资的风险原本就在预期之中，他总是会在公司还有残余价值时退出，搞不好还小赚一笔。所以在诸位准备努力成为一个"好用"的员工前，仔细想想吧！

要在不景气的市场环境中存活，请成为一个"有用"的人，而不是"好用"的人。

（编按：希望此文的作者能与商周出版社联络，以便当面致谢并支付稿酬。）

41

做什么生意
打什么算盘

做每一件事，都需要先做出精准的判断，不论是杀鸡用杀牛的刀，还是杀牛用杀鸡的刀，都是不恰当的。只不过职场中充满了这两种错误，如何避免犯错，值得仔细思考。

有一个利润中心部门的主管在执行一个新计划时，申请了一笔庞大的预算，被我拒绝了。他不以为然，还不断地为自己的行为辩解：第一，这个计划难度高、风险大，没有充裕的资金支持完成不了；第二，诸同行执行类似的计划时手笔更大，投入更多；第三，公司做新事业要有决心，不编列足够的预算，代表公司没有决心，那么如何让大家放手去做？

他的说法似乎无懈可击，每个单一论点都是正确的，但问题在于这个新计划规模太小，期望值太低。他放大了计划难度，没有考虑到这其实只是个小生意，而小生意没必要打大算盘、用大投资，只要慢慢准备、慢慢培养、慢慢调整、慢慢回收成本即可。

另一个主管正好相反。他被赋予一个策略性任务，执行一项新计划，但他小心谨慎、仔细规划、慢慢盘算，以至于在投标过程中错失良机，最后作为与中标者金额差距极小的第二高标落选，整个计划泡汤，公司的策略不得不调整。

这是一个完全相反的案例。案例中的主管谨慎没错，错在没能理解那个计划是公司关键的策略。在精打细算之后，他应该知道该计划是公司势在必得的，因而在精算的价格之外，应该大胆地给出一个绝对有把握的价格！

不论是"做小生意，打大算盘"还是"做大生意，打小算盘"，都是犯了策略上的错误，用不对的标尺，进行不对的衡量与判断，当思考策略错误时，不论流程、方法、计算多么正确，最后都会得到错误的结果。

做小生意讲究"快、狠、准"，因为机会稍纵即逝。由于规模小、变动大，只能以快制快、以小搏大，不能用大生意缓缓而来、长期投资、慢慢调整的方式。做小生意要打"小算盘""精算盘""快算盘"，而不能打"慢算盘""大算盘"。

至于策略性的、需要较大投资的生意，当然要精打细算、缜密规划、小心谨慎，因为事关重大，牵涉公司的策略方向，更影响公司的长期成败。这个时候，更应该宏观思考、顾全大局，而不是斤斤计较于短期盈亏、着眼于一时投入的多寡，以免错失投入时机，后悔莫及。

作为主管，小心谨慎、精打细算绝对是正确的态度，但如果只有打"小算盘"的谨慎，则永远无法成为独当一面的职业经理人，因为缺乏策略性思考。反之，面对小生意和稍纵即逝的机会，如果不能发挥"摆地摊"小贩机动、灵活的态度，一味地要求摆开阵仗、仔细规划、充分投资、慢慢回收成本，那么也绝对无法成就一个杰出的职业经理人。

后记

在组织中，不论是错打"大算盘"，还是错打"小算盘"，都是常见的现象，但动机和结果完全不一样。

"做大生意，打小算盘"通常是格局不足、开创性不足，或者说是能力不足，所以才不敢放手去做，这时候公司损失的是机会。

"做小生意，打大算盘"通常是员工不负责任的表现，这种人宁可多要些资源，也要保证个人安全，这时候损失的是公司。我最不齿这种人。

42

如何成为
"学习型人才"

不论一个人的能力多强，都有不足之处，要想应付各种环境变化，唯一的方法就是与时俱进、随时充电、随时改变，成为一个"学习型人才"。

我手下的一位主管曾经是国企中层主管，他的管理经验是和谐至上。我让他管理整个团队。当遇到冲突时，他总是不得罪任何人，"有理扁担三，无理三扁担"，结果组织变得是非不明、事理不分。为了解决这个问题，我从外企挖来一位主管，他明快果决，将一切问题简化为计划、执行、追踪、考核、检讨，这当然很合乎现代企业经营逻辑，问题是现有的组织制度不健全，人才也不足，他需要有"穿着衣服改衣服"的应变能力与柔软度，一点一滴地组建团队、完善制度。

这两个人都是我需要的人，但他们各有缺失，都需要进行自我调整、自我改善。问题来了，他们的调整和改善的速度都非常慢，因为过去的经验单一且根深蒂固，所以环境一变，都陷入不适应的困难中。

这让我想起组织的学习与人才的学习。如今，社会多元、价值多元、组织多元，变动是常态，适应与调整是每个人必备的能力。大多数人都能成为一个"学习型人才"，不固守于一套经验与想法，面对新环境，能够学习新经验、新方法，培养新技能，最终与组织融为一体，使组织的效率得到提高。

这是一个好的人才与组织的关系，尤其是主管人才更应如此。从"和稀泥"开始——这是认同、理解与适应；接着是学习新方法与采取新对策，因为你过去的经验未必适用于新环境，而新环境所需要的能力，也可能是你还不具备的；最后阶段是主管对组织的改变，当主管与组织融为一体之后，可以制定新制度、做出新规划，从而提高组织的效率。

这其中的关键就是成为"学习型人才"，一个人是否是"学习型人才"，决定了这个人的高度，甚至这个人的成败。

成为"学习型人才"有两个关键，一是态度，二是方法。态度又是关键中的关键，决定了你是不是"学习型人才"，而方法只不过影响到学习与成长的速度。

态度又包括了许多特点，比如多元的价值观、对新事物的好奇心、勇于挑战的精神。

多元的价值观是一个人接受社会中有不同的观念，即条条大路通罗马。尤其是对于组织管理，并无绝对的答案，好用的、有效率的就是合理的，没有绝对的对与错，找到有效的方法就是对的。

对新事物的好奇心则决定一个人面对变动的态度。大多数人期待好的变动，厌恶坏的变动，问题是一切事物都可能会变好，也可能会变坏，所以人只能应变。最好的态度是对变动有所期待，而讨厌一成不变。这种态度会让人面向未来、探索新事物、培养新技能。

勇于挑战的精神则是每个人跨越成长障碍的关键。人们通常在成功挑战自我极限之后，才能够得到大幅成长。每一次挑战，都代表未来格局与成就高度的升级。

如果你有以上三个特点，你就是一个"学习型人才"——你会喜欢改变，你会寻找新方法，你会快乐地接受挑战，而态度决定了你是不是一个"学习型人才"，也决定了你的成败！

后记

朋友曾经对我说，他感觉自己的能力被榨干了，要暂时停职，回学校充电。面对这种说法，我不完全认同，因为学习是"Any time, anywhere"都可以进行的，回到学校学习某种特殊技能只是一种选择而已！

一个真正的"学习型人才"，他学习的空间无限大，兴趣无限大，当然也不会被年龄限制，不断自我改变、自我突破，岂会只限于学校？

43

对专业绝对忠诚

员工分为两种，即专业的人和业余的人。专业的人，丝丝入扣、训练有素；业余的人，七手八脚、顾此失彼。在现代职场中，要成功存活，必须追求专业、拥有专业、谨守专业、对专业忠诚。

跟我一起工作过的一个朋友后来到一家外资公司工作，负责公司的财务。这项工作对忠诚度的要求极高。有一次，他的主管交代他去做一件"从权"的事。虽然那件事并不符合公司的内控规范，但严格说来，并未违法。这个朋友琢磨了很久要不要拒绝老板的要求，最后还是决定照办了，原因是他不想让老板难堪，而且事情本身也不大。人们通常认为，给予老板方便，也算是好事一桩。

谁知道这是这家外资公司的一项内部考核项目，是在考验员工是否一切遵照标准作业流程办事，也是在考验员工的专业性与忠诚度。结果，这位朋友没能通过考核，从此被公司打入"冷宫"，最后不得不离职。

听完这个故事，我心中无限感慨。估计有80%的员工无法通过这项考核，原因是很多公司太注重人情、缺乏法治、不讲究专业，以至于员工是非不分、事理不明，一味充当滥好人，缺少对专业的尊重。

另一个故事发生在一家家庭式的连锁商店。过年期间，有人拿着总公司主管的名片到其中一家分店，说是由于过年期间情况特殊，要求店长交出现金，并由他带回总公司。分店店长不假思索地就让他把现金带走了，结果当然是个骗局。

听起来有点好笑，这样的骗术居然也能成功？仅凭一张名片，就能让人交出现金？我不知道有多少公司在面对同样的情况时，能够全身而退；但我知道，如果公司对此有专业要求，并且对员工进行过这方面的培训，那么这个骗术是不会成功的。问题是员工的专业素养够吗？员工对专业的忠诚度高吗？员工是否讲人情重于尊重制度、尊重专业？

台湾地区是一个"人治"的社会，虽然在企业经营上，我们已经不断地强调建立系统、建立制度、建立规范，以及落实流程管控的重要性，但是每个人内心对专业、对制度的尊重是不够的，尤其是面对同事、熟人，我们还是尽可能地给人方便，不在乎这是不是违反了制度、放弃了专业，我们甚至认为这是一种美德。

太讲究人际关系，强调人与人在相处、互动中，讲情理，不讲规则。这是我怀疑 80% 的员工都通不过那家外资公司的忠诚度考核的原因。

追本溯源，员工要注重专业，包括专业的工作方法、工作态度、工作伦理、工作判断。专业的员工，不会因为是老板而给予方便，不会因为是同事而放弃坚持，不会听老板的口气、看老板的眼色行事，更不会"为五斗米折腰"。一旦你对专业、对制度不忠诚，玷污了工作伦理，你就可能会丢掉工作。大部分员工需要针对"专业主义"进行彻底再教育。

后记

1. 有人问我，专业到底是什么？

我尝试回答：对所做的事，以追根究底的精神仔细研究，并将其拆解成标准化的步骤与流程，再经过反复练习，形成反射神经记忆，以求做到每一次执行都得到一致的结果。

简言之，就是优化、标准化、熟练化和一致化。这针对的是具体的工作流程与方法。除此之外，专业还有心灵层面的解释，那就是专业精神与专业伦理。

2. 有人说，"为五斗米折腰"指的是牺牲自己的原则。如果是为"五斗米"放弃对专业的坚持，则风险很大。比如，财务人员配合老板做假账，则很可能换来牢狱之灾。其他岗位也要坚持工作伦理，坚持一个人的原则、道德与风骨。

44

你有解决问题的
能力吗?

谁是组织最需要的人才?是做大家都能做的事的人,还是能帮助组织解决困难的人?真正的人才,是不论工作多难、多苦、多复杂、多危险,都能勇敢地挺身而出,并且有能力完成任务的人。

如果有人问你:"你有解决问题的能力吗?"相信不会有人回答"没有"。"我当然有解决问题的能力,否则我如何在职场中生存?"这是所有人共同的答案。

可是我的答案稍有不同。每个人都有解决问题的能力,但当一个人在处境艰难、颠沛流离之际,就不见得有这种能力了。

根据我的经验,一个真正具有解决问题能力的人,无论遇到多大困难,都能完成任务。

困难的任务可以分为几种:第一,看起来疯狂,或者在大多数人的眼中根本不可能完成的任务;第二,一般的任务,但要求的标准很高,超过平均水平很多;第三,在没有足够的权力,其他部门又不配合的情况下,要完成需要其他部门配合才能完成的任务;第四,没有前例可循的全新任务;第五,难度不高,但工作烦琐、工作量极大、无趣又艰苦的任务。以上这些困难的任务如果都能完成,才是真正具有解决问题能力的人。

第一种任务需要梦想家的能力。能够完成这种任务的人有想象力、不怕事、不自我设限,将困难当作挑战,并全力以赴。他们就算不能完成任务,也会在这个过程中积累丰富的经验。

第二种任务需要对自己有极高的要求，坚信虽然一般人做不到，但因为"We are the best"，所以我们做得到。这种人绝对不会告诉你（上司）别的部门如何，别人只能做到什么程度，因此你的要求不合理。

第三种任务是职场中最常见的，即你的任务需要其他部门配合，但他们或者忙于原有工作，或者信奉本位主义，不愿配合。完成这种任务需要有沟通协调的能力和毅力，想尽各种方法，在没有上级支持的条件下完成任务、解决困难。遇到这种任务，大多数人会两手一摊，为自己完不成任务找借口，或者求助上司，要上司下命令。问题是，上司就是因为有困难，才会让你帮忙解决，希望你能用"智慧"解决他用权力无法解决的问题。

第四种任务需要开拓新思路的能力，具备这种能力的人通常具有冒险精神，勇于尝试新事物，并具有找到新方法的能力。

第五种任务是组织中常见的苦力型工作，是大多数人不愿意做的工作，因此日积月累，最后成为办公室的"死角"，人人避之唯恐不及。处理这种工作，用的是决心、毅力、耐性与务实精神，这是"阿信"（日本励志电视剧《阿信》的主人公）的能力。

能完成这五种任务的人，才是真正具有解决问题能力的人。问题是，大多数人不是这种人，而是有知识、懂道理，但只会动嘴巴，不能真正解决问题的人。想一想，你是哪一种人？

后记

我常问同事："你认为自己是一流的人才吗？"

不论他回答是或不是，我都会告诉他，你一定要是一流的人才，因为我们公司不要二流的人才。

老实说，能力可以慢慢培养，但态度一定要正确。"We are the best"，只要有心，就一定能够成为一流人才。

45

突破自己的能力极限

没有人天生就英明神武，也没有人生来就聪明绝顶，所有的能力都是一点一滴慢慢培养的。关键在于人们是否有计划地一步一步自我训练、自我突破、自我调整。

出版是一件有趣的事，经常会带给我全新的工作体验，而每一次经验积累，都代表我在挑战未知，测试我的能力极限。

新书的投标就是典型的自我挑战过程。记得刚开始时，我只敢，也只能用最低的预付金出价，因为我的出版能力不足，不敢出高价抢标。但随着经验的增加，我的预付金也水涨船高，从一两千美元到三五千美元，再到一万美元。记得第一次出价超过一万美元时，我十分兴奋，并告诉自己，这本书绝对不能失败，我要证明我有做上万美元"大书"的能力。

接着，我的预付金又从一万美元提高到三五万美元，再到十万美元，最高纪录是二十万美元。一本书二十万美元的预付金，代表这本书如果没有卖到六万本以上，我就要赔钱，而对于台湾地区这么小的市场，二十万美元的预付金绝对是天价。

经过这些历练，三五万美元预付金的项目对我来说成了"家常小菜"，操作起来轻松愉快！我知道学习的能力是在不断自我挑战、自我突破、自我调整中逐渐提升的，能力的极限也是在不断被突破中提高的。

我要求团队复制我的经验，要求他们也要不断突破能力极限，但并不顺利。遇到"大书"，我要求他们提高预付金，扩大工作规模，但他们给出的预付金，总比我想象中的差很多。我知道，这是因为他们信心不足，自我挑战的野心不够。

我不愿揠苗助长，让他们按自己的意愿出价，但经常与机会失之交臂，对手的气派总是比我们大，想象力总是比我们丰富。拿不到"大书"，是我让团队自由成长的代价。

我曾经要求某些高级主管每年至少要买一本预付金达到五万美元的"大书"。可是他们面有难色地问我："何先生，你不会要我故意提高预付金，达到你的标准，却让公司损失吧！"我无言以对。

他们遇到预付金几万美元的"大书"，感受到的是压力、困惑，而投标失利反而是轻松、解脱。做能力以内的事，他们应付自如；做超过能力极限的事，他们害怕、踌躇不前！

我回想起自己的成长历程。当每一次遇到挑战、面对超过我能力极限的事时，我知道自己无路可退，只能勇敢向前，那颇有"狗急跳墙"的味道，但也因为如此，我打起精神、全力以赴，反而"关关难过，关关过"，我的能力极限不断得到突破。

在学习成长的初期，我面对的挑战和困难都来自老板的逼迫和命令，我无法拒绝。但后来，我相信自己可以做到，于是我开始接受挑战，并不断测试自己的能力极限，甚至对没有难度的事兴味索然。

我应该这么说，能力是在战胜困难之后得到提高的。每隔一段时间就要设立一个更高的目标，让自己面对困难，然后全力以赴战胜困难。每一次面对困难、遇到超过自己能力的事都应该兴奋，因为那是一个人成长的关键时刻！

后记

每个人的成长都有两股力量推动，一是内心的期待，二是外力的压迫。这两者是相互作用的。

好公司、好主管通常会营造一种具有高度挑战性的氛围，迫使每一个人不断突破自己的极限；一个杰出的人才，更加不会满足于现况。

你是一个不断挑战极限的人吗？

46

该低头时就低头

古人告诉我们为人处世要"外圆内方"，用现在的说法是"柔软度"，面对环境的各种变化，要因时因地制宜，采取最合适的手段，不固执己见，不坚持面子，一切以大局为重，姿态柔软，才能得道多助。

我永远忘不了几十年前在一个科长的办公室里看到的一幕。那时我还是记者，正在和这位科长聊某一个新闻。这时，从外面闯进来一位西装笔挺的人，老远就朝这位科长立正敬礼，并大声说道："科长好！"耳朵里还听到他双脚并拢立正时，皮鞋互撞的响声。显然，那是极标准的立正礼。

我几乎不敢相信自己的眼睛，因为这个人正是当年叱咤风云的黄豆饲料大王。我记忆中的他都是意气风发、不可一世的样子，但那天他却恭恭敬敬地来向科长报告事情。事后我才知道，他的生意遇到困难，需要这位科长帮忙。他用最谦卑的姿态，表达了对科长最大的敬意。他的柔软度，让我这个旁观者吓了一大跳。

我还记得另一幕。张忠谋刚创办台积电（台湾积体电路制造股份有限公司）时，我们有一次采访他，问了一些与采访主题无关但敏感的问题，他十分生气，站起来掉头离开，我们一时不知如何是好，但没几分钟，他就回来了，除了表示抱歉，还对我们的问题知无不言、言无不尽，使我们的采访进行得十分顺利。

一位主管向我抱怨一个客户十分"龟毛"，根本无法沟通。他向我抱怨的目的，是准备把那个客户列入"黑名单"，希望我谅解。那个客户我十分了解，他确实不讲理、脾气不好，但是为人还算单纯，其实只要多讲几句好话，摸透了他的脾气，生意并不难做。

我很清楚问题不在那个客户身上，因为你要做人家的生意，当然要摸透人家的脾气。问题在于，这个主管是个"杠头"，十分"正直"，他认为自己对的地方，是绝对不肯妥协的。但大多数时候，他所坚持的事，并不是是非对错的问题，而是个人的主观臆断。当然，要是遇到别人真的有错，他就更加暴跳如雷了。

这样的人，我看得太多了，包括我自己在内，都曾经如此"刚正不阿"、棱角分明。年轻时，我经常坚持自己的"道理"（其实是感觉），遇到不合自己心意的事，决不妥协。我不懂变通，甚至认为变通就是乡愿、没有原则。一直到见了许多类似黄豆饲料大王和张忠谋这样的故事，我才慢慢了解，收起自己的棱角、自己的个性，不要计较小是小非，你会得到人和，得到别人的帮助。

这就是柔软度。人生在许多情况下是无法讲道理的，比如在有求于人时。生意的本质就是有求于人，求人当然需要柔软度，需要"以客为尊"，即客户永远是对的。如果客户是错的，一定是我们做错了什么事让他生气了，因此想办法不让他生气，就是我们的责任。因为只有不让他生气，我们才会得到生意、得到好处。

柔软度是为人处世的外在层面，而正直则是每个人心中对大是大非的坚持。外在层面温和，会使人好相处、有人缘、减少许多冲突，而柔软度就是良好的润滑剂。

后记

我写这篇文章其实违背了自己的个性，因为我是个"杠头"，一向以直道而行为傲，但经历太多人生考验之后，我知道一定程度的妥协是必要的。

后来我进一步体会到柔软度其实并不是牺牲原则，甚至需要有更大的胸襟与气度，才能成全大我。

47

不是敌人，便是朋友

任何事物如果数量众多、差异甚大，则很难概括而言、同等看待，这时就需要进一步分类。这篇文章介绍了将事物进行分类的方法，以及就不同类别进行分析，并采取不同的对策快速应对的方法，我称之为"橄榄球思考法"。

此方法要先确立某一核心观察角度，而不是进行漫无目的的类型划分。比如将世界各国进行分类，如果是分析经济问题，可以从经济发展程度分成发达国家、发展中国家等。

此方法运用极广，是每个人都能学会的核心思考方法。

我开始创业时一无所有，任何机会我都要把握。因此，当时公司的经营逻辑是，只要不是违法的生意我都考虑去做，我研究所有生意的可行性，工作领域无限宽广。

后来我们成了上市公司的子公司，母公司只管我们三件事：财务、预算及法务。他们清查了我们所有的对外合约，并要求监管每一份合约，就连一些例行的、制式的、小的业务合约也不例外。刚开始我非常反感，后来我慢慢体会出其中的道理，因为只有法律方面的问题会使公司一夕覆亡，所以上市公司在法律方面的要求极为严格。对于这个逻辑，我从不理解到认同。

于是，我对手下所有的团队宣布："从今以后，我们公司只能做合法的生意。"

从只要不违法都可以做，到只有合法才能做，表面上像是文字游戏，其实这是我们思想上的极大转变，我也从其中发展出一套"橄榄球思考法"（如图所示）。

橄榄球思考法

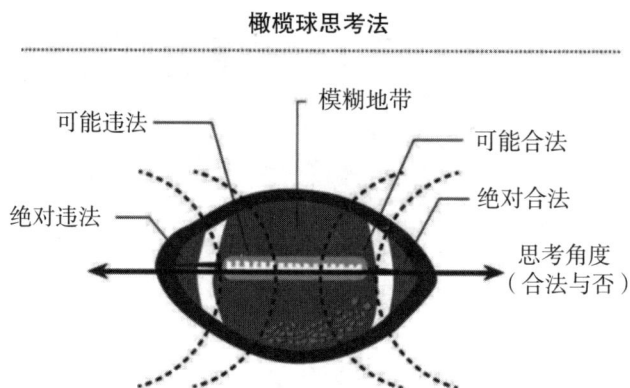

图中的橄榄球图形被分成五部分，左右两端是两极端，中间的区域是中性的模糊地带，而两极与中间区域之间的两区域，分别是与两极具有类似性质的区域，但其性质较不确定。

以生意是否合法为例，两极端分别是绝对合法与绝对违法，而靠近两端的两区域分别是可能合法与可能违法，中间则是中性的模糊地带。

刚创业时，只要不违法的生意我都做，代表除了最左边的一小块区域不做，其他四块都做，领域宽广。但当我被上市公司"规范"后，我只剩最右边的一小块区域能做。

这个图形让我豁然开朗，而且这个图形可以运用在所有的地方，任何事物都可以用它去拆解。

例如，有人心胸宽广，只要不是敌人，便是朋友，这句话的意思是，如果把社会上所有的人用友好程度划分，会产生五个群体，从右到左依次是朋友、可能是朋友、中性、可能是敌人、敌人，那么心胸宽阔者五得其四。反之，不是朋友，便是敌人，这种人则五得其一，几乎全天下都是他的敌人。

这是一种精细的分析逻辑，任何事物只要有光谱特性，都可以用这个方法来解析。最常用到这种方法的是问卷调查，如果想测出某个群体对某个事件的态度，我们可以将态度分为绝对满意、满意、无意见（中性）、不满意与绝对不满意。

大多数的事情，我们无法一眼看尽，也无法一概而论，通常需要做进一步的分析，才能针对不同的情况采取不同的策略。而这种方法将一个复杂的事物按某一种标准区分为五个区块，对每一个区块，我们可以依据其特性采取不同的策略。

当然，不同的标准代表不同的思考角度，同一件事可以有许多不同的思考角度。当我们用各种不同的标准，多次运用"橄榄球思考法"分析之后，再复杂的事情都可以得到清楚的结论。

后记

1. 将问题事物分类极为常见，如果在此法中再导入核心观察角度，则会让分析更具有意义。

2. 此法可预先练习，即把工作或其他复杂事物先进行分类，如朋友可按诚信程度分为绝对可信、比较可信、模糊不清、比较不可信与绝对不可信；工作可按难易分、效益分、风险分……

3. 此法可概括地分为三类：正、反、中性；也可细致地分为五类：正、反、类（可能）正、类反及中性。

4. 分类完成后，更重要的是明确态度与做出决策，就像我们公司从绝对违法不做，到绝对合法才做，这就是非常明确的策略调整。

48

问题不过夜

　　每个人都会有疑惑，但我们真正努力寻找解答，并把疑惑彻底解除的机会不多，如果我们能够有效地解除疑惑，很快就变成大学问家了。

　　这篇文章是我学习的方法。我不喜欢读书，也不喜欢一个人研究，所以我把问题都推给别人（老师），要别人立即、快速回答我，这就是"问题不过夜（堂）"之法。

　　企业内训是我每周都要做的事，每次上完课都有不同的感受。

　　最近，我在内部着重讲了一次出版的成本分析课。那张电子表格我不知已经讲过多少次，但其复杂的逻辑结构，总是让听讲者昏头，我确定大多数人是无法一次听懂的。课后，我问大家有没有问题。与过去争先恐后地问问题不同，这次学员们出奇的安静，我知道这不是好现象。

　　我说了一个我小时候的学习经验，希望改变他们的态度。

　　我是个不爱看书而且没有什么耐性的人，所以从小就把握课上的每一分钟，希望用最短的时间一次学会。一次学会当然不太容易，因此问问题成了我的习惯，每当老师讲解之后，我总是第一个问问题的人。

　　我把老师讲的我无法理解的部分，变成一个个问题，不断地发问，要求老师再度讲解，直到我彻底了解为止。我从不等待别人发问，因为别人的问题可能我早已明白，对我没有意义。

通常的状况是，我被老师制止，因为我问了太多问题。老师要我暂停，把问问题的机会留给别人，以免我一个人占用太多时间。

虽然课上我不得不停止发问，但下课后，我不会罢休，仍然缠着老师，一定要把这堂课的疑惑全部弄清楚。

这就是我独门的学习法——"问题不过堂"。我从不把问题留到下一堂课，也不把问题带回家。我不喜欢回家再读书，因为回家是玩的时间；我也不喜欢重复读一本书，因为同样的内容看两次太无聊了。很自然的，我养成了一次学会的习惯，而其中的奥秘就是上课聚精会神、全力理解，然后课后不断问问题，排除所有的疑惑。

这个当学生时"问题不过堂"的习惯，在职场中转化成了"问题不过夜"的习惯。

在工作中，我会面临各种挑战，遇到任何新事物、任何不懂的事，我都要一次弄懂。因此，我的上司、工作伙伴、有经验的前辈，都成了我的老师。今天遇到的问题，我今天就要弄清楚，因为今天是我第一次遇到这个问题，不懂是可以理解、可以解释的，而明天再遇到同样的问题，就是第二次，第二次遇到还不懂，那可是丢脸的事。为了不丢脸，我养成了"问题不过夜"的习惯。

我告诉所有的学员，我为什么要讲课。因为我知道大家不懂，而我讲课就是希望大家听懂，第一次听不懂是可以理解的，所以大家可以发问，彻底弄清楚每一个环节。不懂而发问，这是很自然的事，没什么不好意思的。但如果大家没问题，就表示大家都懂了，以后不懂、不会，就要自己负责。

问问题是好事，表示认真学了，因为只有认真学了，才会有疑惑。疑惑得到解答，才能真正学会。不要怕问错问题，问错问题才能找出真正的问题，也才能彻底清除自己前进的障碍。

后记

1. 许多老师复印这篇文章给学生传阅，我不知道效果如何，但只要有一个人改变，我相信他会受益无穷。

2. 我觉得需要培养一个观念，即问问题是好事。不论问什么样的问题，愿意问问题的人都应该被鼓励。大多数人不肯当下问问题的原因就是害怕被质疑，"这么简单的道理也不懂？"因此，无论是老师还是主管，都有责任鼓励大家问问题，这样才能做到"问题不过夜"！

49

事先彻底"过一遍"

　　许多笨方法能达到很好的效果，大多数的聪明人不屑、不肯用笨方法，所以经常在不该犯错的地方，犯下不可思议的愚昧大错。

　　事先彻底"过一遍"这个"笨"方法，是我从一个公司的小主管身上得到的启发，方法一点也不特别，但对自恃聪明的我来说，却宛如晨钟暮鼓，效用极大。

　　高铁台中站是一个会让人迷路的地方，因为有过一次迷路的经历，我一到台中站就特别紧张。

　　一家公司请我去他们那里做年度会议演讲，地点在鹿港，他们公司会派一位主管在高铁台中站接我。那天很顺利，接我的人准确地在指定地点接到我，然后熟练地开车出高铁站，再转上高速公路，朝鹿港前行。

　　我问他："台中你很熟吗？你常在高铁台中站出入吗？"

　　他回答："我在台北工作，这是第一次来高铁台中站接人。不过，我昨天就到鹿港了，我特别从鹿港开车到高铁台中站，事先把路线走了一遍，以免今天接您时出状况。不瞒您说，昨天我在高铁台中站迷路了，转了好久，才找到正确的路，所以今天就很顺。"

　　他又说："对没做过的事、不熟悉的事，我一定会事前彻底'过一遍'，模拟实际的状况，把每一个细节弄清楚，以免实际执行时发生任何意外。"

　　他是个小心谨慎的人，也是个注重细节的人，更是一个成功的人。只是他的成功，需要经过学习、经过每一次的事前演练，然后才能确保每一次正式行动时拿出完美表现。事先彻底"过一遍"，是他重要的成功法则。

这也是我重要的工作法则，我期待每一个关键时刻都能有完美演出。我不能忍受开会时有人资料没准备好，有人报告的内容文不对题；我也不能忍受执行任何项目时，事先没想透，临时遇到不可测的困难，兵困半途；当然我更不能容忍在一些小事上出状况，如计算机插头不对、U 盘接不上、投影仪故障……

为避免这些"意外"发生，我采用的方法与那位主管完全一样：事先彻底"过一遍"。只要模拟做一次，只要一次，只要事先，只要彻底，大概所有的"意外"都可以被管理。

重要的事、我没做过的事、不熟练的事、有外人在的事、要动员许多人一起做的事……这些事都是要完美执行、一次通过的事，所以事先的模拟、练习要不断做，一直到绝对有把握为止。

其实我很讨厌事先"过一遍"的过程，因为对于自恃聪明、潇洒的我，做这种事看起来有些痴愚。但是长久下来，我发觉这个方法最有效，也最能确保成果，所以我宁可把自己变成"笨"人，每次乖乖地事先彻底"过一遍"，这是"笨"人确保不犯错的方法。

演讲前，我会把所有内容"过一遍"；谈判前，我会把所有的主题、变量、话术及敌我攻防"过一遍"；开重要的会议前，我会加开会前会，要所有重要成员就所提出的报告进行事先沟通、检查，力求正式开会时一气呵成、过程完美无瑕；启动新生意前，我会要求有非常完整的可行性分析与财务估算，这也是事先彻底"过一遍"。

"过一遍"是小心、是谨慎、是谦虚、是敬天畏人，也是精准执行的开始。

后记

1. 通常大事都没事，只要是小事就会连续出很多事，理由很简单，凡事"预则立，不预则废"。人们认为小事简单，因此往往事前准备不足。所以对于小事更需要在事先彻底"过一遍"，千万不要因"小"而掉以轻心。

2. 这篇文章是写给聪明的人及老练的人、熟练的人看的。

50

高度竞争环境下的
制胜之法

　　所有的事情都是相对的：当大家的水平都普通时，有人稍好一些就可以胜出；当大家都很好时，有人很好也只是一般。现在台湾地区的企业竞争已进入白热化阶段，就算完美，也只是达到了大家普遍的水平，要克敌制胜，非要有超完美的表现不可。

　　这篇文章中的三个案例，就是超完美的案例，它们提到的方法都一样，除了做到大家都能做到的事，还要"多一点"思考、细心、作为、诚意，这就是现在高度竞争环境下的制胜之法。

　　知名作家藤井树谈及他的第一本书为什么交给城邦集团出版时说，原因是城邦集团的编辑，在他网页上的留言很完整、很有诚意。比较起来别的出版社的出版邀约都是制式说法，让他感觉就像诈骗集团的留言，所以他只回了城邦集团编辑的电话，从而成就了他与城邦集团的长期合作。

　　我特别追踪了这篇留言，发觉这是一封长信，编辑很完整地介绍了自己、介绍了公司，并表达了仰慕之意，也提出了很完整的出版构想，这封信足以让藤井树相信出版社的诚意。

　　一位下属在接受我的工作指令之后，就算工作还没有完成，也一定会每隔一段时间，就主动向我汇报一次工作进度，从来不需要我询问追踪。事情交给他办，我就放心了。

　　一家知名的公司邀请我演讲，议定了演讲主题之后，这家公司的人事主管还特别与我见面，见面时准备了完整的公司简介，详述了公司的企业文化，说明了此次演讲的缘起、主题，并描述了听讲者的个性、职位及可能的需求，让我可以充分准备。他的慎重，让我感到压力，因而我重新更改了演讲内容，几乎是为他们公司的特殊需要，重新设置了演讲主题，这次演讲出奇成功，双方都很满意。

这三个案例都说明了一件事：工作不是例行公事，不是照惯例完成就好，还要多一点思考、多一点细心、多一点不同的作为、多一点感人的诚意。这就是我的"工作·多一点"原则。

在职场上，每一项工作都有成文或不成文的工作流程或规范，员工大多是按照这些相因成习的方法工作。但如果只是这样，只会达到一般的工作质量，只会达成一般的工作成果，不会感动人，也不会给人留下特殊的印象。如果这个工作要面对比较和竞争，那相因成习的工作方法也不会得到青睐。

藤井树的例子，就是对执行"工作·多一点"原则的奖赏。写一封信是争取到与藤井树合作的必要工作，制式化的信，在藤井树眼中，像诈骗集团诱人上当的手段，他自然不会有任何回应。可是当他接到用"工作·多一点"原则所写的态度恳切、计划周详的留言时，他就动心了。

完成工作时，向老板汇报是必要作为，但快速、实时、让老板完全掌握工作进度，是"工作·多一点"的体现，能够赢得老板的信任；邀约演讲是工作，但进一步沟通、见面是"工作·多一点"的体现，确保了工作完美执行。

"工作·多一点"可以用各种形式呈现：更细致的工作流程、更高的工作质量、更新的工作方法、更短的工作时间、更低的投入成本……只要多做一点，就可以让被服务者更满意，可以让工作成果更丰硕，可以彰显员工自己的工作能力，这都是现在高度竞争环境下的胜利方程式，只不过这是不起眼的"多一点"。

只做到遵循工作规范已不足以脱颖而出，现在的员工每时每刻都要想，如何践行"工作·多一点"。

后记

1. 有读者写信给我，希望我提供第一则案例中提到的城邦集团编辑给藤井树的留言，以作为参考。我回答，留言已不可考，但重要的是自己如何"多做一点""多想一点"，只要从信息接受者的角度多花点心思，绝对可以有不同的巧思，千万不要拘泥于别人的做法。

2. 这是互相刺激、不断进步的过程，有人想出新方法，大家很快就学会了。为了突破，就会有人再多想、多做一点，迫使大家再进步。"工作·多一点"的原则就是要提醒我们不断推陈出新。

Chapter

自慢的职场关系

4

假设自己就是老板，
义无反顾、全力以赴、相信公司、认同老板，
变成老板的好伙伴，成为公司的核心团队成员，
我撑起公司的半边天，为什么要怕老板？

一身本事卖给帝王家，这是封建时代的想法，现在则是一身本事卖给公司、服务老板。领公司薪水，听老板命令，大多数的员工伴"君"如伴虎，因此只得小心谨慎地面对公司、面对老板。

很奇怪的是，我从做第一份工作开始，和公司之间就没有任何隔阂，我全力以赴地工作，就好像公司是我的。我不觉得老板、上司有多伟大，我认为他们只是一个工作伙伴，只是与我演的角色不一样。因此，我不需要刻意奉承，也不需要看他们脸色，因为我和他们一样，热爱公司、全力工作，大家是平等的。

或许我是一个怪胎，并不是每一名员工都和我一样，但我确定我这一套逻辑、这一套做法是好的，因为我在工作中有成就、被肯定，永远是公司中的主流派。我工作得十分快乐，有自己的空间、有自己的想法，不需要看任何人的脸色。做自己想做的事，说自己相信的话，我，快乐做自己！

我的逻辑是什么？假设自己就是老板，义无反顾、全力以赴、相信公司、认同老板，变成老板的好伙伴，成为公司的核心团队成员，我撑起公司的半边天，为什么要怕老板？

51

如果这是
你的公司

　　绝对不替我不喜欢的公司工作，一旦不认同公司的文化、氛围、理念，我会掉头就走，找一家我认同的公司去工作。

　　但只要我留下来，我一定与公司保持良好的关系，绝不与公司为敌，我甚至把公司视为我自己的公司，全力投入工作，这样工作才会愉快，才会有成就感。

　　一位老朋友谈起他当年的经历：当时他担任一家公司的业务经理，为了一个新产品上市，他提了数千万元的营销计划，那是个气派恢宏的规划。他的老板看到计划后，找他来面谈，只问了一句话："如果这是你的公司，你会这样做吗？"他从来没有想过这个问题，于是收回计划，仔细研究，最后仍然没有把握，于是放弃了这个大计划。

　　另一个故事是以推行"仆人领导"理念而知名的美国西南航空公司的案例。有一年，西南航空的 CEO 赫布·凯莱赫（Herb Kelleher）寄出了一份备忘录给员工，告诉员工当季公司的运营不佳，可能会赔钱，希望所有的员工，不论是机长、空乘人员还是地勤人员，每个人每天都能省下 5 美元。赫布在信后署名"爱你们的西南航空"。

　　结果西南航空在那一季运营成本降低了 5.6%，公司扭亏为盈。

　　这两个故事都说明了员工与公司关系的最高境界：把公司视为自己的公司，去呵护、去照顾、去奉献。

　　或许以现在紧张的劳资关系来看，如此爱护公司，听起来像笑话。问题是，你可以不爱公司，但如果公司运营不佳，发不出薪水，或者发不出有吸引力的工作奖金，对身为员工的你有什么好处？

　　我一贯的工作逻辑是，我绝对不替我不喜欢的公司工作，一旦不认同公司的文化、氛围、理念，我会掉头就走，找一家我认同的公司去工作。但只要我留下来，我一定与公司保持良好的关系，绝对不与公司为敌，甚至把公司视为我自己的公司，全力投入工作，这样工作才会愉快，才会有成就感。

　　这就是为什么当听到第一个故事时，我会感同身受，不论我的职位是什么，我都会把公司视为自己的，做任何事，我会反复思索：这是不是正确的决定？是不是对公司有益处？是不是会为公司带来损失？

　　我无意当老板的忠犬，也并不希望在组织中升官发财，只不过持这样的态度比较简单。既然同样是做事，就务必把事情做到最好，用最少的投入，得到最大的成果。这是我认同的理念，我不是想得到上司关爱的眼神，不是想得到物质的奖赏，我只是想要做好，而做好会让公司利益最大化。当然要践行这样的理念，最简单的方法，就是假设自己是老板，公司是我的。

　　久而久之，这种态度让我得到了最大的回报，通常我会变成组织中的主流派，得到最大的肯定与最好的机会，而就算没有回报，我也不会哀怨，因为我心甘情愿，一无所求。

　　不过，真正的好处并不是在打工时得到的，而是事后在创业时获得的。我发觉创业对我来说，不需要有任何心情上的调适，没有任何障碍，因为我早已用老板的心情工作了很长时间。

　　假设自己是老板，假设公司是自己的，是自信、自主、自立、成就自我的第一步。

后记

　　这篇文章，让我被动成为老板的"打手"、老板的同路人，有读者认为我写这篇文章的目的是替老板改变员工的想法，让员工心甘情愿地替老板打工。

　　我不想解释，因为在我的一生中，大多数的时间我都不是老板，我是以经理人的身份执行业务的，但我心中的确有创业的想法，因此我很习惯无怨无悔地为公司投入，就好像我是老板一样。这是我一厢情愿的做法，也是我成为老板前的自我模拟、自我学习的过程。

52

我确定公司
不是我的

要让员工对公司产生向心力，全心奉献，把公司视为自己的，除要求老板以身作则外，还要有许多条件配合才能做得到。其中最重要的是培养"与公司一起"的感觉。如果员工能感觉到公司的善意、老板的关心，感觉到公司的成长与自己的努力息息相关，他就会把自己当成是公司大家庭中的一分子，处处以公司为重了。

一位知名的老板碰到我，很客气地告诉我："何先生，你写的那一篇《如果这是你的公司》真是太好了，我复印了许多份发给每一位员工看。"听了这句话，我一身冷汗，不知怎么回答他。

有位读者写了封 E-mail 给我，标题是《我确定公司不是我的》。这位读者告诉我："我很想替公司好好做事，但公司从来不爱护我们员工，主管常做一些很笨的事，让我们心灰意冷，请问我如何'假设公司是我的'，并为公司努力做事呢？"

任何一个组织的生态都是在互动中形成的。老板仁慈，则员工善良；老板节俭，则员工节省；老板贪婪，则员工贪污。君子之德，风；小人之德，草。风吹则草偃，老板的一举一动影响着整个组织的风气，如果员工不为组织的最大利益着想，做了损害公司利益的事，原因很可能是老板的问题，真正该检讨的是老板。

台湾首富（2010 年）郭台铭节俭成习，他的办公室就像旧工厂的厂长的房间，原因无他，他知道如果他奢华，整个组织会跟着奢华，代工生意微薄的毛利根本无法负担，所以贵为首富，他上班的环境却极其俭朴。

这只是一个例子。员工是老板的镜子，镜中的员工，其实是老板的写照，如果你期待员工处处以公司利益为重，就好像公司是自己的，那首先要问的是，老板你做了什么，是不是你也这样做？

要让员工全力奉献，把公司视为自己的，老板以身作则只是开始，还要有许多条件配合才做得到，其中最重要的是培养"与公司一起"的感觉。如果员工感觉到了公司的善意、老板的关心，感觉到了公司的成长与自己的努力息息相关，感觉到自己是公司大家庭中的一分子，他当然会处处以公司为重，为公司做所有该做的事。

问题是很少有公司能使员工产生这种感觉，因为只有 30 人以下的小公司，才有可能塑造这样的氛围。公司小，成员少，鸡犬相闻，老板的好人人看得见、摸得着，公司的好，人人感受得到，人人也会因此得到好处。小公司只要老板"春风化雨"，"We are family"的氛围就显现了，员工当然能假设公司是自己的。

超过 30 人的公司，要塑造"全公司亲如一家"的氛围，还要有其他的条件配合才可以，第一个条件是回馈机制的制定，第二个条件是明确的绩效评估与追踪考核。

大公司的员工只是讨口饭吃，没有人会笨到把公司当成是自己的。全力投入的动力通常来自于明确的回馈机制，如果努力会得到奖赏，自然会激发员工投入，这是最基本的激励原理。

这是浅显的道理，但许多公司的回馈机制太模糊、太虚无缥缈，例如：以公司最终的财务指标作为回馈标准，通常员工感受不到公司的诚意，因为个人努力与公司运营成果之间的联结太不明确。因此回馈机制的设计，必须能联结"个人的绩效"，这样员工的投入才会具体，员工才有机会感受到投入、绩效、回馈之间的关系，工作态度才会改变。

明确的绩效评估与追踪考核，会让全体员工无所遁形，也会联结明确的奖惩制度。这是超过 30 人的公司在管理上不可或缺的设计。

不过，无论如何，我还是要说：老板期待员工能"假设公司是自己的"，这是不现实的，不论老板怎么做，某些关键时候，个人与组织的矛盾永远存在。"假设公司是我的"只适合作为员工的自我要求、自我期许，要"善尽善良管理人之义务"，要"受人之托，忠人之事"。老板讲这样的话，只会让人觉得角色错乱。

后记

只有笨老板才会要求员工以公司为重，假设公司是自己的。因为"把公司当作自己的"是员工体会到公司的善意之后，自动形成的想法，只能自然形成，无法训练，也不宜要求。

这就像人与人相爱，你如果够好，另一半就会爱你，主动要求别人爱你是不行的。

53

相信公司、认同老板

老板创造了公司，制定了游戏规则，所有的员工要在那里工作，就要遵循老板的规则，抱怨是没有用的，什么都不会改变。相信公司、认同老板，是员工唯一能做的，否则你每天都会活在痛苦与挫折中。

我的媒体生涯，从一家非常大的公司开始。那家公司的老板是位杰出报人，因为老板杰出，所以公司充满了人治色彩。如果老板欣赏你，你会获得完全不一样的待遇。但也因为如此，整个公司的员工都在期待老板关爱的眼神，而一旦期待落空，难免就抱怨四起，许多人认为公司缺乏制度管理，不够透明公平，公司里到处都充满了哀怨的人。

那时的我，身处基层，轮不到我来享受老板的关爱，因此我也就没有抱怨。但我不抱怨的更重要的原因是，我在那里工作，要的是空间和舞台，让我学习和历练经营媒体所有的本事，我完全不在乎老板欣不欣赏我，当然也就不会有抱怨。

可是在那一段时间，我也认识到一个事实：老板创造了公司，制定了游戏规则（人治也是一种规则），所有的员工要在那里工作，就要遵循老板的规则，抱怨是没有用的，什么都不会改变。相信公司、认同老板，是员工唯一能做的，否则你每天都会活在痛苦与挫折中。

当然，你也可以选择离开，寻找你喜欢的公司、你认同的体制与和你逻辑一致的老板。我最后也就离开了，走上了创业之路。但我也永远学会了相信公司、认同老板的道理，这是员工在岗一天，就要保持一天的工作态度。绝对不要与公司作对、不要与老板为敌。

可是在我创业之后当老板的日子里，我发觉拥有这样工作态度的人，真是凤毛麟角。大多数的员工，从来没有停止过抱怨、批评。刚开始，我痛苦不堪，认为这一切都是我的错，都是公司的错，员工抱怨有理，组织应该调整脚步，留住每一位员工。

但结果我失败了，因为我发觉一样米养百样人，我努力改变的结果是"顺了姑情失嫂意"，我不可能让每一位员工都满意。

最后，我决定用自己的逻辑，制定自己的规则，然后吸引一群和我想法一致的人，组成我们的核心团队，这或许就是组织文化吧。至于那些想法和组织文化不一致的人，我只能祝福他们，任由他们寻找自己的桃花源。老实说，我从来不敢说他们是错的，因为他们只是和我的意见不一样，而我很可能是错的。如果我是错的，时间会让我的公司衰亡，而他们离开我当然就是正确的选择。

我相信每一家公司、每一个组织，都拥有不一样的逻辑，如果这家公司的逻辑是对的，这家公司就会欣欣向荣。所有的员工都有权选择自己喜欢的组织，有权决定自己的去留。但是只要你选择留下，就请你相信公司、认同老板，不要对公司持敌对的态度。这并不是说对公司不能有意见，其实所有的人都分得出"善意的意见"与"恶意的批判"，每个人的态度决定了一切！

如果我不相信公司、不认同老板，我会挥挥衣袖离开，让时间证明我的选择对不对，连抱怨都嫌多余！

后记

个人的成长有赖于组织的成长。脱离组织，个人的成长也会有限，因此我期待我所有的投入都能转化为组织的成长。我和公司、组织是一体的，我不希望我与公司之间有矛盾、有冲突，所以我采取了相信公司、认同老板的策略，那种全公司一家人的感觉很好，也让我得到了最大的成就。

54

拥有公司的感觉

第一个角度是老板角度，要建立一个公开、透明且回馈合理的组织，让员工能感受到"拥有公司的感觉"，进而愿意积极投入，全力以赴。

第二个角度是员工角度，不论老板提供的是什么样的环境，都应该主动积极，以公司为重，把自己当作老板，全力以赴。这个话题不该陷入"鸡生蛋、蛋生鸡"的辩论，如果从员工生涯发展的角度来看，努力体会"拥有公司的感觉"与"把自己当作老板"，恐怕是最正确、对个人最有利的工作态度。

全世界石油业表现最好的公司英国石油公司的总裁约翰·布朗（John Browne）在接受《哈佛商业评论》访问时，谈到了其公司员工及组织的一项特质：员工具有"拥有公司的感觉"，因此员工的工作动力强，知道自己该做什么。

这句话令人惊艳，可谓成功企业的最高境界。老板当然愿为公司无怨无悔地付出，可是试想：若全公司的人都像老板一样，全力投入，无怨无悔，这公司会有多可怕，力量会有多大？这个境界又如何做到？

其实这可从两个角度探讨：第一个角度是老板角度，要建立一个公开、透明且回馈合理的组织，让员工能感受"拥有公司的感觉"，进而愿意积极投入，全力以赴；第二个角度是员工角度，不论老板提供的是什么样的环境，都应该主动积极，以公司为重，把自己当作老板，全力以赴。这个话题不该陷入"鸡生蛋、蛋生鸡"的辩论，如果从员工生涯发展的角度来看，努力体会"拥有公司的感觉"与"把自己当作老板"，恐怕是最正确、对个人最有利的工作态度。

不论公司是否完善、老板是否英明与善良，员工的命运都与公司息息相关，任何公司都是绩效良好者升职、加薪，因此被动地以边缘员工自期，结果肯定是在组织中被边缘化，沦为不被重视、没有生产力的一类人。公司业务正常时，这类人还勉强能成为滥竽充数、可有可无的员工，一旦公司有任何风吹草动，当然最先被裁员。

因此不论公司是否体恤员工，愿意和员工分享成果，员工都应该积极地加入"主流工作团队"，用老板的心情工作，用老板的态度解决困难、创造绩效，努力体会这种"拥有公司的感觉"是员工最正确的态度。

或许有人会说："用拥有公司的感觉努力工作，最后还不是老板赚钱，他也不会分给我们。"这可能是事实，但是积极投入工作的另一个好处是，员工会学到经验、学到能力、开阔视野、丰富历练，这些是边缘员工永远都得不到的东西。我们也可以相信，只要自己的能力增强，前途是无可限量的。

身为员工，消极、被动的态度，只会让自己边缘化、无能化、懒散化。不如努力地体会"拥有公司的感觉"，想象自己是个老板吧！

后记

在我没有创业之前，我就幻想自己拥有公司，全心全意投入工作，一点都不留余力。原因很简单，我在学习如何做老板，学习用老板的心情想事情，因为我总有一天要当老板。

或许有人会质疑：我又不想创业，学习当老板干吗？我会说，全力投入工作，还有另一个好处，那就是"拿别人的薪水，学自己的本事"，做得越多，学得越多，成就就会越高！

55

向上管理三诀窍

第一个诀窍是态度。态度指的是"用老板、组织的观点、想法与逻辑做事"，而不是用自己的想法、态度做事。

第二个诀窍是过程。每一项工作，总有清楚的部分，也有模糊地带，清楚的部分你没有困难，模糊地带却是危机所在，模糊地带的事可能现在与你不相干，却可能会忽然跳到你身上，让你陷入完全无法预测与掌控事情发展的情境。

第三个诀窍是做法。"适时地主动出牌"，认清适合你的或你有兴趣的工作，或者主动提出不同的想法，测试老板的态度，让老板知道你是有想法、想做事的人。

理论上，管理是居上位者为实现组织目的而对居下位者所施行之作为；同级别员工之间的互动，谓之沟通、协调；居下位者对居上位者，只能被动地接受指令。

这是一般的想法，但是组织成员如果只是被动地接受这种组织行为模式，在现在复杂多变、竞争激烈的组织中，显然是不够的，应该有更积极的做法，才能化被动为主动，才能工作得更愉快、更有效率、成果更佳。向上管理就是员工必须学会的技巧。

管理老板，让老板用对你有利的规则来指挥你，这就是向上管理。要学会向上管理，有态度、过程与做法三大诀窍。

第一个诀窍是态度。态度指的是"用老板、组织的观点、想法与逻辑做事"，而不是用自己的观点、想法与逻辑做事。员工最常犯的毛病，就是一厢情愿地用自己的观点、自己的想法、自己的逻辑做事。不幸的是，个人的观点、想法与逻辑，往往与组织的观点、想法与逻辑不相符，结果是员工个人下场悲惨。

你最应该知道的是，老板在想什么？老板要往哪里去？你也应该知道，组织在想什么？组织要往哪里去？这样你在组织中才能被认同与重用。老板积极，你消极不得；老板保守，你积极也没有用。

老板要业绩，你就给业绩，给不了业绩，你就谈可以让业绩增长的方法与可能，至少要列出一个业绩增长的时间表，否则你在老板与组织眼中，永远是个不长进的怪物。

第二个诀窍是过程。每一项工作，总有清楚的部分，也有模糊地带，清楚的部分你没有困难，模糊地带却是危机所在，模糊地带的事可能现在与你不相干，却可能会忽然由模糊地带跳到你身上，让你陷入完全无法预测与掌控事情发展的情境。借用沟通、案例，消除工作中的模糊地带，让你工作的疆界清楚，这是你管理老板绝对必要的过程，千万不要让老板心中对你的工作有模糊、不清楚的认知。

第三个诀窍是做法。"适时地主动出牌"，不要等老板出牌。

例行的工作，是必要的付出，例行的工作再忙，也不会让你出成绩，只有特殊的任务，才能让别人对你印象深刻，而老板就是那个会不定时指派特殊任务的人。千万不要盲目出招，认清适合你的或你有兴趣的工作，或者主动提出不同的想法，测试老板的态度，让老板知道你是有想法、想做事的人。

如果只是被动地防守与接招，你永远不知道老板的飞镖从哪里射出来，十之八九是会漏接的。

向上管理，是大多数的员工不曾思考的问题，从今天开始管理你的老板吧！

后记

老板代表权威，你要尊敬他、听他的命令办事，这是传统的观念。老板可以决定你的命运，如果他不英明，你就可能劳而无功，这就是所谓的将帅无能，累死三军。因此不能任由老板为所欲为。他做错事，要规劝；他下错指令，要阻止；如果实在阻止不了，那就要远走高飞。

56

老板有讲理的吗？

企业经营由老板指挥大局，老板要有挑战不可能的态度、有强渡关山的勇气、有在石头中挤出水来的决心。在关键时刻，老板能讲理吗？讲理的老板，有时候只会让你看到他的无能、无为与软弱。

老板如果没有不讲理的狠劲与杀气，那组织只能坐以待毙。

一位年轻朋友在工作上遭遇挫折，找我聊天，寻求解答。他告诉我，他的老板毫不讲理，采取了近乎"一刀切"的方式，要求他自己解决某一个困难。而根据他的分析：第一，这个困难的根源是公司运营结构的问题，非他的层次所能解决；第二，要他解决也可以，公司要拨出必要的预算，但他的老板并不肯给预算。

这位年轻朋友一方面苦思无解，另一方面则十分生气，懊恼怎么会有这么不讲理的老板，也懊恼整个组织中，竟没有人敢讲真话，指出老板让他一个人孤军奋战的不合理。

我听了大笑不止。我问他："你见过讲理的老板吗？"我从来没见过，因为根据我的经验，如果老板很讲理，他绝对是优柔寡断、不能成事的老板。

我曾经学到过一句令我一辈子记忆深刻的话：合理的要求是训练，不合理的要求是磨炼。而钢铁般的军人绝对是磨炼出来的。

企业经营亦复如是，老板指挥大局，要有挑战不可能的态度、有强渡关山的勇气、有在石头中挤出水来的决心。在关键时刻，老板能讲理吗？

讲理的老板，有时候只会让你看到他的无能、无为与软弱。

我自己的经验是，我申请 1 亿元的预算，很可能我只得到 8000 万元，老板打折扣理所当然。而精明的职业经理人早就会预留空间，等着老板打折。但是我也碰过更"天威难测"的老板。我已经高估了两成的预算，但谁知道这个"完全不讲理"的老板却将我的预算拦腰一砍，再对折"优待"，我得到是二五折的预算。当时我的反应就和这位年轻朋友一样：生气、无助，甚至想拍桌子走人。

但最后我选择接受，在不得已的状况下，我用尽了所有的方法，包括可行的与不可行的，甚至还不得不险中求胜。最后的结果是，在一点运气的加持下，我用二五折的预算，完成了那个不合常情常理的任务。

事后，我更尊敬我的老板了，要不是他"天威难测"，要不是他完全不讲理，要不是他"一刀切"，我不可能完成这件事。事前觉得不可能，过程中危机重重，不时峰回路转，但事后让我一辈子回味，我的能力也在这件事以后倍增。这些都是拜老板不讲理所赐。

从此以后，我知道老板要有一个被所有员工咒骂的特质，那就是不讲理。一般情况下，老板是讲理的，按计划、按分析做事。但是企业经营经常会面临意外、面临挑战，在非常的状况下，讲理就不够用了。这个时候，老板如果没有不讲理的狠劲与杀气，那组织只能坐以待毙。

老板可以有不讲理的时候，但前提是在平常要讲理，否则时时刻刻不讲理，那就是疯子，疯子是不会有人理的！

后记

我们不能不承认，老板通常能力比你强，因而产生了判断与思考的落差。老板气派恢宏，我们囿于局部，这个时候老板提出的要求与下达的任务，在我们看来就会变成不讲理的要求、不可能达成的任务。

大多数人遇到这种状况，会用太多的时间来骂老板，用太少的时间来思考、解决问题。我直接接受老板的不讲理，因为那是我快速追赶老板能力的方法。

但是，如果有笨老板，用"老板可以不讲理"来合理化所有不讲理的行为，那是自掘坟墓，离众叛亲离不远矣！

57

要五毛，给一块

杰克·韦尔奇说："员工对老板要 over deliver，就是永远要做得比老板要求的更多，这样自己就会学到更多，也会让老板更聪明……"

一位年轻朋友辞职，因他的表现良好，辞职令我意外，于是约来一谈。他告诉我，他每天都处在高度的压力下，每天被工作、被主管的要求，压得喘不过气来。他感觉就像背后有一个巨轮，不断地向他逼近。他不得不快速前进，可是稍有不慎，步调稍慢，巨轮就会从他身上轧过，他几乎每个月都要被轧扁一次。这样的工作压力太大，他承受不了，只好逃离！

我告诉他，我觉得他表现不错。他苦笑说，那都是勉强出来的，长期坚持实在痛苦不堪，他觉得赶不上公司、组织与主管的要求！

听了他的说法，我十分遗憾。因为从能力、从学历、从工作结果来看，他都是好同事，都是值得培养的新秀，但是他自己走不出心中的魔障，缺乏正确的认知，以至于陷落在工作的深渊中！

我尝试换个角度点醒他：就算背后有个巨轮压迫你、催促你，但那些都是你要做的事，你为什么不换个角度，不要走在巨轮的前面，而是走在巨轮的后面，由你去推动它，要快就快、要慢就慢。由你来决定速度、由你来决定时间，这只是转个念头、转个态度而已！

我进一步解释，只要你自我要求的标准改变，就可以做到。如果组织的要求比你的自我要求高，如果主管的要求比你的自我要求严，你就会被组织、被主管的节奏推着走，你就会落入别人的掌控中。反之，如果你有更高的自我要求标准，比组织高、比组织严、比主管快、比主管先，那你就能应付裕如。

事实上，这是我从工作第一天就学到的经验。主管叫我拜访三个客户，我知道我笨，我决定拜访五个，以弥补自己经验上的不足。主管叫我三天后交稿子，我怕写不出来，我决定早一天写好，以免到时候抓瞎。也就是因为这样的态度，我几乎没有看过主管的脸色，虽然工作的质量未必被奖励，但至少不至于因为工作完成不了而被骂！

自我要求比老板的要求更高变成了我最重要的基本工作法则，不是为了有好的绩效，只是要免于挨骂。但久而久之，我发现了更大的好处，那就是更高的标准会让自己更快进步，也会因而得到老板的信赖，而且可以拥有更大的自主空间。

因此，了解组织的要求，摸清老板的习性，变成了我的习惯。老板急，我更急；老板快，我更快；老板严谨，我就更注意细节、更小心；老板气派恢宏，我就更从大处着眼、挥洒自如；老板说要省五毛，我就设法省一块。这种"要五毛,给一块"的工作逻辑，让我永远不会变成被声讨的对象。

这位年轻朋友能否"顿悟"这个更高标准的逻辑，我不敢说，但我看他眼中闪烁着光芒，我知道他已有所体会。当然我更知道，这个"更高标准"的想法，不应只是想法，它要求你既要有决心和毅力，也要有聪明的做法，只要想通这一点，再加上尝试与实践，一切就会改变了。

后记

有人问我，"要五毛，给一块"，这样不是把老板宠坏了吗？以后老板胃口变大了，不是让我们更难过吗？

我回答，如果有这种欲壑难填、不知爱护下属的老板，那就离开他。但一般而言，你这样做，老板只会对你依赖程度越来越高，你很快会变成老板的首席战将，会享有特殊待遇，你会拥有最大的自主空间，你反而会成为老板笼络的对象。

58

老板能有多公平？

如果从单一时间点来看，没有一件事能绝对公平。天平也不是每时每刻都是平的，而是常常处在钟摆式的动态平衡中。组织的公平，也是动态的公平，只要老板有公平之心就好，不要去计较某一件事的公平与否。

有一篇让我印象深刻的文章，题目是《妈妈能有多公平？》，内容是一位妈妈心中的感受。这位妈妈有一女一儿，她非常重视公平，因此做任何事都一视同仁。有两颗糖，一人一颗；有礼物，也是一人一份。但偏偏经常出现为难的情况。比如有三颗糖，一人一颗之后，剩下一颗，妈妈就说，弟弟小，这颗先给弟弟，下次再给姐姐；或者是有两个不同的礼物，妈妈说，这次姐姐先挑，下次弟弟先挑。

问题是，妈妈已经这样注意每一个细节了，但两个孩子仍然不时抱怨妈妈不公平。姐姐会说，为什么这一次要先给弟弟，为什么不先给我？弟弟会说，为什么不让我先挑？再不然就是两个人同时喜欢同一件东西，逼得妈妈每天忙于排难解纷。一位非常重视公平的妈妈，却仍然在处理日常的争执时，被孩子抱怨不公平。

在我做普通员工时，我一直是那一对儿女之一，每天指望妈妈（主管）能公平评价我的表现，给我应得的肯定与回馈。有时候我对公平的期待，甚至到了不可思议的地步。记得有一次刚到一个新单位，我发觉我的主管和许多同事有说有笑，而我是新人，因为不熟，插不上话，这时我都会有酸意，觉得老板比较疼其他同事，而这时如果有任何的奖惩通知下达，我很可能会怀疑老板对我不公平。那是我在新环境中，因自卑而产生的"被不公平对待妄想症"。后来我升为主管之后，就非常强调公平，觉得公平是主管的重要责任，主管如果不能公平地对待每一位同事，就是失职！

但是，我仍然遭遇了许多公平方面的质疑：有人说我耳根软，在我这里会哭的孩子有奶吃，会吵的人就会得到比较好的待遇，默默耕耘的人就吃亏了；有人说我偏爱某些单位，这些单位有一点小成果，我就给予肯定，而有些单位我不重视，不论其有多努力，都不会得到认同。

我完全承认我可能是不公平的。我承认我是人，是人就可能有偏见，可能不客观，因此一旦下属有任何抱怨，我唯一能做的就是仔细倾听、仔细检讨，若真有问题，立即设法调整。但就算如此，我仍然无法免于不公平的指责，我仍然是一个无法让所有下属觉得公平的主管。我就像那位努力做到公平，却被儿女指责的妈妈！

刚开始时，我对这种状况完全不能理解，我急着找来当事人，说明我的态度、我的努力，以及我会如何调整，但成果有限。日子久了，我对公平有了更深刻的体会。谁有能力让天平永远不动呢？那是不可能的，天平不是偏左，就是偏右，只要不是永远偏一边，而是处于动态的平衡中就行了。管理者虽然不可能每一刻都公平，但长期来看是公平的就可以了。

因此，我不指望社会、不指望老板、不指望环境能做到绝对的公平，只要有公平之心即可，虽然不见得每一件事都公平，但动态调整后，从长期来看是公平的就好。

后记

有人对我说："何先生，你对我不公平！"

我无言以对，连我自己都觉得对他不公平，但是我没办法，因为此时此刻，我手上的筹码就只有这一些，我选择了重点奖励的方法，而不是平分，因此满足了最迫切需要奖励的单位的需求，其他人只能被忽略了。

我无法解释太多，我只能承认，我欠他的，下次会设法补回。

59

管理老板的馊主意

老板也是人，老板也会犯错。可怕的是老板权力很大，犯的错伤害更大。对大多数的员工而言，虽然没有力量阻止老板犯错，但应该有效管理老板的馊主意。

我每一次犯错，身边最能干的下属总要倒大霉。因为在关键时刻，我总是派出最能干的下属出面收拾善后。每一次我要求他们承担艰巨任务，他们总是乖巧地答应，我也一直不觉得我有什么问题。

直到有一次，一位能干的下属告诉我，他现在的工作分不开身，无法再处理善后的工作，我不得已只好大费周章地劝说，他才勉强接受。而当事情处理完了以后，这位能干而乖巧的下属郑重其事地"约谈"我。他告诉我，他没有权力管理我的决定，但是，他已经替我处理了很多次善后工作，可不可以请我注意一下"公平"，如果以后再有这种"好事"，找其他人处理，反正我身边兵多将广，应该让每个人都有机会表现！

和下属面谈，我的经验很多，但谈完面红耳赤、冷汗直流，这是少有的几次之一。我很清楚，这位能干的年轻朋友不是真的不愿再接新工作，只是这些善后工作，让他觉得很无趣。一方面是发生这种事很荒唐；另一方面他也暗示，我一再出馊主意，让我在他心中的"英明"形象大打折扣，他其实是让我自我节制一下，尤其是一句"我没权力管理您的决定"，更道尽了一个忠心下属的无奈！

从此以后，每当我有任何创意时，我先想到的就是"这会不会是另一个馊主意"，我犯错的概率也因此逐渐降低。

对多数员工而言，他们永远是老板馊主意的受害人，因此管理老板的馊主意，绝对是必要的职场本领，尤其当你是那个能干的下属时。

"找到老板的肚肠"，是管理老板馊主意的开始。"老板肚子里的蛔虫"，通常被当作骂人的话，指的是逢迎拍马的人，但是充分了解老板的思想、动向，以及老板正在做、正在想的事，绝对是一个聪明的下属该做的事。"找到老板的肚肠"，不是要成为老板肚子里的蛔虫，而是要了解老板可能使出的招数，随时准备接招！知道老板要什么、想什么、即将做什么，这是团队默契的表现，也是成为聪明员工的必要条件。

有时候，老板出了馊主意，下属也要负一半责任。因为在事前老板征询意见时，许多下属会揣摩上意，含混以对，致使老板无法明确判断大家的意思，甚至误以为大家都同意。这是办公室中常见的现象，因此造成许多事一错到底，一发不可收拾。

因此，当事先征询意见时，有反对意见应明确表达。但也许你会说，老板很固执，天威难测，说不同的意见只会立即倒大霉，还是不说的好。如果你的态度是这样的，我只能说，你只是一般的员工，你没有判断、没有自我、没有胆识去说自己相信的话。如果老板出的真是馊主意，那么绝对没有模糊的空间，要严词拒绝。

后记

在古代，臣子想拒绝皇帝的错误决定，却不敢明说，只能拐弯抹角用各种隐喻，有时还难免冒犯皇帝，引来杀身之祸。

在现代职场，绝无此事，尤其当老板一错再错时，下属绝对有责任直言。如果你只敢抱着"为五斗米折腰"的心思，被动执行自己不认同的命令，那你只能是个无足轻重的员工，随时可能被淘汰。

60

老板，
我可以兼职吗？

我在意的是：同事们心中不只有我们公司，还有别的公司。

而这家"别的公司"还往往是同行，有时候还会和我们的公司正面竞争。"情人眼中容不下一粒沙子"，老板也会有类似的感觉。

相信没有一个人会问老板这个问题，因为不可能有老板会回答"Yes"，就算每一个员工都有想兼职的念头，但大多数只能够在心中想想罢了，兼职赚外快，增加收入，只是可望而不可即的想象。

不过事实真的如此吗？不！任何一个人都可以轻易指出来，身边的亲朋好友分别在兼什么样的职。兼职的人多到你不能想象，但这却不是一件合理合法的事。兼职只能做，但不能说，一切都尽在不言中，大家心照不宣罢了！

最近我的办公室中发生了一件事，我们出版集团中一位被正式任用的记者，却去替别的出版社写了一本书，而且堂而皇之地正式出版了。我事前不知，但事后听闻了这件事。我一直在等他主动来向我说明，却始终等不到，最后我忍不住找他来问话，没想到他的回答竟然是："过去大家不都这样做吗？"

我无言以对，看到这位经验丰富的记者，露出一脸无辜的表情，就好像在说：怎么有这么白痴的老板？不准员工兼职，实在太落伍了。

我义正词严地申明了我的立场：不得在同行企业中从事兼职活动，这是员工要遵守的"非竞争条款"。虽然他最后承诺不会再做这类事，但我们沟通的过程并不十分愉快。

这让我想起过去无数次类似的辩论过程，有人曾问："我的钱不够花，在下班之后不能兼职贴补家用吗？"还有人说："我家里开个小店、做个小生意，下班在家帮忙算不算兼职？"更有人说："我利用闲暇时间，写一本书出版，这难道也违反公司的规定吗？"

每一个说得出来的说法，似乎都让我无言以对，但我也知道，真正的问题不是这些，而是兼职背后所隐藏的"感觉"，那是公司与员工不能互相信任、不能同心协力的问题。

我不愿一一去验明每一种情境中的是非，我只能用"非竞争条款"，先禁止在同行企业中的兼职，这当然可以避免大多数的兼职可能。可是我知道，我并不是真的在意同事的时间，兼职也不见得真的会影响工作，我在意的是：同事们心中不只有我们公司，还有别的公司，而这家"别的公司"还往往是同行，有时候还会和我们的公司正面竞争。"情人眼中容不下一粒沙子"，老板也会有类似的感觉。

我不晓得"不得在同行企业中兼职，不得做与本职工作相类似工作的兼职"是否合乎法律，但我明确知道，我无法容忍同事兼职。我期待所有的同事都是一家人，而一家人不会一心两用，想着别人、向着别人。

当然，对于那些因为收入不足，需要去做非相关行业的兼职工作的人，我只能努力改善他们的薪资福利，期待他们可以早日脱离困境，而不忍心苛责他们！

后记

我非常强调忠诚，对自己忠诚、对工作忠诚、对公司忠诚、对同事忠诚。我恨别人不忠诚，也不能忍受同事不忠诚。

每一家公司，都是老板开创的工作场所，我们应该入乡随俗，遵守老板制定的规矩。

我相信每家公司的规矩不同，但不得兼职应是放诸四海而皆准的共识。老板没有正面制止你兼职，不是同意，只是处理的时候未到吧！

61

度量成就
一辈子的追随

度量不见得要用金钱来表达。给予空间、给予舞台，是度量；听得进建言、听得进真话、听得进逆耳忠言，是度量；容得下能干的下属、容得下可能威胁自己地位的同事，也是度量；承担起下属所犯的错，扛得下责任，不会天塌下来，肩膀一歪，压死一千人等，更是度量……

最近两年，我有幸听闻了一个令我感动的故事：

两位年轻人充满了创业的想象，也很有能力，因缘际会创办了一家 IT 软件服务公司，他们正为增资困难感到困扰不已之际，遇到了一个台湾高科技公司的老板。这位老板听说了这两位年轻人的处境之后，掏出了上亿元新台币的资金，只有少部分认购股份作为投资，大部分的钱则作为为两位年轻创业者垫付的资金，不要求利息，不要求回馈，没有设定还债时间，只留下一句话："创业成功了再还我。"

乍听这个故事，我以为我听错了。商人重利，举世皆然，怎么会有这样的人？如果他占很大的股份，还可以理解，因为可解释为要收买人心、收编团队。问题是这位老板认购的股份很少，义无反顾地垫付资金，只能解释为做好人好事。我佩服这位老板，也为这两位年轻人庆幸。

后来我听了更多这位老板的故事，我只能说他"度量超凡"，绝对是台湾商场的大善人。

另一个类似的故事，发生在我自己的公司。我们实行绝对的部门利润中心制，有两个部门当年度的获利不佳，导致年终奖金很少，这两个部门的主管都做了同样的事：放弃自己的奖金，全数分配给下属。事后知道这件事，我既惭愧，又感动，有这样的同事，三生有幸。

这也是有关度量的故事。这两位主管，并不是老板，但他们也和前一个故事中的高科技公司的老板一样，度量非凡，对自己所带的团队负责，牺牲自己的一份，成就团队。

在领导驾御能力中，领导者的气派与度量无法具体衡量，却往往是决定团队与组织成败的关键。因为面对一个气度非凡的领导者，我愿意为他工作，愿意义无反顾地效死力，愿意一辈子追随。有这样的领导者，团队才会有力量，且由于团队合作无间，组织才会有效率，公司才会成长。度量是居上位者吸引人最重要的特质，可以成就团队成员对领导者一辈子的追随。

度量不见得要用金钱来表达。给予空间、给予舞台，是度量；听得进建言、听得进真话、听得进逆耳忠言，是度量；容得下能干的下属、容得下可能威胁自己地位的同事，也是度量；承担起下属所犯的错，扛得下责任，不会天塌下来，肩膀一歪，压死一干人等，更是度量；给得起钱、给得起奖金，这当然是可具体衡量的度量；不和下属抢功劳和风头，也是会让下属衷心感谢的度量……

员工有度量会成就人缘，很快会变成主管；主管有度量会成就团队，想创业时就会近悦远来，不虞人才不足；老板有度量会有一辈子相追随的忠实下属。感叹身边人才不足的人，恐怕先要想想自己的度量如何。

后记

有人告诉我，如有幸遇到故事中那样有度量的老板，赴汤蹈火都愿意！

我承认，十个老板九个小气，有度量的老板，珍贵难求，因此如果你的老板小气，不要生气，因为大家都一样。

但是如果你有幸遇到大方的老板，那真的要十分珍惜，而且要有受人点滴，泉涌以报的态度。如果你不知回报，这种有度量的老板一旦发觉被愚弄，他们的反击会很强烈。

62

做不完定律

这或许是戏谑与嘲讽，但有一定程度的真实性，问题是面对"做不完定律"，员工将如何自处呢？

组织高效率的本质是用较少的人力，做完较多的事，以获得较高的效率，因此员工面临的是永远做不完的工作，如果要把事情做完，势必要熬夜加班、夜以继日。这是从个人到团队、到部门、到全公司上下存在的普遍现象，下班以后，办公室仍然灯火通明，是现代竞争激烈的职场中常见的场景。

这就是企业组织中的"做不完定律"：事情永远做不完，如果事情做得完，你就是组织中不重要的人；如果公司中大多数人的事情做得完，你的公司一定是有问题的公司，开始准备换工作吧！

这或许是戏谑与嘲讽，但有一定程度的真实性，问题是面对"做不完定律"，员工将如何自处呢？熬夜加班是 99% 的人采取的对应方法，但这绝不是正确的答案，这会是永无休止的噩梦，不能真正改善工作的状况。要改变这种状况，要靠非常多的方法，而其中重点法则是最关键的做法。

重点法则可以分为几个步骤：第一步，分辨什么是重点工作；第二步，用全力处理重点工作；第三步，用最简单、最有效的方法，简化处理非重点工作；第四步，如果这样还无法解决做不完的问题，那就要想办法从结构层面来改善工作内容及流程。

第一步，分辨什么是重点工作。可以将工作简单分类，如果你能简单地找出不超过工作总量20％的重点工作，那你已经找到了关键；如果你仔细分析之后，重点工作不论从工作量还是内容上来认定，其总比重超过你工作总量的20％，那你还没有真正找到什么是重点工作。这时候你只要把其中紧急但不重要的工作排除，很可能又会删除许多被你列为重点的工作。

此外，大多数人重要与紧急不分，许多紧急的工作事实上一点都不重要，却占去你大多数的时间，也排挤掉了重要的工作。找出20％的重点工作，是重点法则的第一步。

第二步，用全力处理重点工作。其实就是对"80/20法则"的运用，用你80％的工作时间及工作精力，去把20％的重点工作做好，你就会获得最高的工作绩效。

第三步，用最简单、最有效的方法，简化处理非重点工作。剩下80％的非重点工作，你也要做好。问题是你只剩下20％的精力及时间，如何能做完、做好？把同样的工作集中处理是你该做的第一件事；改变工作流程、简化工作方法，是你该做的第二件事。许多工作从你承接开始，其实并没有进入最有效率的流程中，只要你仔细解读工作的内涵，你很可能会找到新的工作模式。简化步骤，或者是使用新的有效工具，都可使工作效率得到改善，当然如果能省略或清除不必要的工作，你可以立即减少许多工作。

如果上述三步还无法解决事情做不完的困扰，那表示你自己无法单独解决工作做不完的问题，这就要进一步进行外部沟通与向上沟通。外部沟通解决的是部分工作与外部单位衔接的低效率问题，要求大家进一步来协商解决，这也是改变与简化工作流程。至于向上沟通，则是通过改变工作定位、工作分工或者增加人力来改善效率。

如果员工不能正确认识工作"做不完定律"，只知抱怨，要求主管改善而没有对应方法，下场绝对是个悲剧！

后记

这个定律和老板的不讲理定律都是职场中颠扑不破的真相。只不过大多数人不了解，总是努力地要把事情做完，当然会痛苦不堪。

员工要想的不是把工作做完，而是用一个健康的态度面对做不完。

63

客户的劫难：
客户有讲理的吗？

　　职场中经常流传各种"奥客"①的笑话，每个人都能讲出一堆不讲理客户的故事，但这都仅止于私下的抱怨，因为每一个人都知道"奥客"是不容得罪的，得罪"奥客"就是和自己过不去，也是和公司过不去。

　　而应对"奥客"的最佳方法就是认同他的不讲理，认同他不讲理的合法性、必要性与不可改变性。

　　有一个客户（作者）打电话给我，劈头就是一连串的抱怨，说现在我的公司是大出版社，侯门深似海，完全不理会小作者的需求，要求我了解一下，管一管。我问他："到底发生了什么事，让你如此生气？"

　　他又一连串说了许多事，不是买书没准时送达，就是想用版税抵扣购书款被公司拒绝，还有他想办活动推广书却被公司刁难。

　　我一听就知道，这位作者是被我公司内的作业规范打败的，他的要求都不符合我公司内的标准作业流程，因此被拒绝了。但是身为一个作者，他想做的事情不能如愿，当然十分生气，尤其他还认识我，自认为应当享有一些小特权。

　　我当然要处理，我把主管找来了。一问起这位作者，主管就激动起来，显然他早已知道作者会向我告状，因此就滔滔不绝地诉说起这位作者的各种"丰功伟绩"。他说这位作者把他的团队弄得人仰马翻，希望我主持公道，

――――――――――――
① 奥客，闽南语，多指很难伺候的客人。

不要只听作者的一面之词。

我要他平静下来，并问他："你还要与这位作者合作吗？"他回答："要！"我说："这就对了，就算你不再与这位作者合作，也要把作者的问题'搞定'，更何况你还珍惜这位作者，那就更要解决他的问题了。"最后我又补充了一句："客户没有讲理的，搞定不讲理的客户，你就有做不完的生意！"

对出版社而言，作者就是衣食父母，就是客户。有好的作者，就有好的内容，就有畅销书，出版社就会风生水起。因此伺候客户（作者）是对出版人的基础训练。

问题是：我公司里有很多满怀文化理想的编辑，他们想做的是"好书"，他们没有想过要伺候人，因此当作者提出复杂的、麻烦的或者根本是无理的要求时，我的团队成员就不知该如何应付了。

在公司里，我一直在推广一个观念，那就是要从员工（编辑）变身为经营者（出版人）。出版人不只要有文化理想，还要做成生意，让文化理想变成"好生意"，这样，伟大的文化事业才能永续经营。经营者最重要的能力就是伺候客户（作者），而客户通常是不讲理的，但通常最不讲理的客户，会带给你最大的生意。或者，换句话说，有搞定最不讲理的客户的能力，就代表你有最重要的经营能力。

对于客户的不讲理，销售人员、业务人员知之甚详。但一般的主管、经理人，面对的是组织内的工作，一旦被外界的客户所惊扰，尤其是当对方提出的是无理（不符合内部工作规范）的要求时，通常都会直接拒绝，他不知道丢掉生意的后果有多严重。

我鼓励所有的员工，既要有搞定客户的观念，也要认识到客户不讲理的天性，能搞定客户，你就会变成经营者。经营者不只是指主管，更是指创业者，那是组织中最稀有而珍贵的类型。一旦学会了掌握客户的能力，你就离能做老板不远了。

后记

1. 我的另一篇文章《老板有讲理的吗？》引起了许多讨论，有人认为我宠坏了老板，也有人认为我说的是至理名言。对我而言，我只是在描述一种心情，如果你不能改变老板，那不如改变自己的心情。这篇《客户的劫难：客户有讲理的吗？》呈现的也是一样的态度，说客户、骂客户，最后你还是要面对客户，那不如改变自己吧！

2. 虽然我不承认"出钱的是大爷"，面对不合理要求我也会据理力争，但这不代表我否定客户，更不代表我讨厌客户。要知道客户不是大爷，但客户是衣食父母。每一个人都要仔细听客户讲他的道理，听懂他的道理，你才有机会让他满意，就算要反驳，也才知道如何下手。

64

专业直觉识人术

找到对的人、做对的事，让对的人上车、让不对的人下车，这都是组织用人的最高准则。但如何识人，如何在第一时间就辨识出谁是正确的人，这是每一个人行走江湖必须学会的本事。

华航的主管在长期聘用服务人员的过程中，培养出了一种"感觉良好"识人术。我们也要在自己熟悉的领域中，培养出一套自己的专业直觉识人术。

有一次我到华航演讲，分享我摸着石头过河得来的管理经验，没想到反而是他们面谈识人的方法启发了我，让我收获加倍。

华航的人事主管告诉我，他们在面试地勤人员时，有一个挑人的"潜规则"：非常重视第一次见面前 30 秒的感觉，这 30 秒"感觉良好"，才会继续往下面试。这几乎是 30 秒定生死的面试。

他接着分析为什么是 30 秒，又为什么这么主观而依赖直觉，以及为什么要强调"感觉良好"。因为地勤人员的工作，大部分是与人接触，但接触的时间非常短，而且接触的都是陌生人，所以非常强调"第一眼"的"感觉良好"，如果能让陌生人感觉顺眼、舒服，后续的服务就会顺利。至于工作能力，可以慢慢训练。

他继续说明"感觉良好"的定义：让人"感觉良好"的绝不是外显的漂亮，反而是宜人耐看，有一点像邻家女孩式的顺眼，再加上一点让人如感春风拂面的舒服感。

我不太抓得住"感觉良好"的感觉,但我确定让人"感觉良好"的不是漂亮,不是精明干练,因为漂亮让人嫉妒,精明干练给人压迫感,都不会让人"感觉良好"。

我继续问,那如何培养对"感觉良好"的识别力呢?他说:"做久了,地勤人员看多了,你就知道什么样的人会让人感觉良好,会有客人缘,会与所有接触到的人互动良好了。"

这次的经验,让我在用人、识人上,有了更深刻的体会。我也确定在理性分析之外,专业的直觉也是另外一种特殊的能力。

过去在用人、识人上,我非常强调对专业能力的检查与对道德操守的确认,对前者可以理性分析,但对后者我一直找不到有效的测试方法。

测试专业能力可以笔试,可以口试,可以检查证件。通过讨论,可以测试出对方专业知识的深浅,也可以看出他的工作态度,如有必要,询问他前任主管的意见,那更能透露出真相。

而道德操守则很难具象化,虽然我们可以从每一个人过去的经历、人生态度中,揣测他的想法,但这终究不是有效的科学方法。

既然没有有效的科学方法,那能不能培养出专业直觉识人术呢?我不确定,但会思考与探索。不过对有些功能性职位的工作人员合格与否,我会像航空公司招聘地勤人员一样,形成类似的专业直觉判断。

作为经验最丰富的记者和编辑,我也有专业的直觉:图书编辑的性格条件是细致耐心、个性稳定,太活泼外向的性格基本上不合适。而采访记者正好相反,开朗、活泼、好奇是较合适的性格,太安静的性格,在从事采访工作时要做非常大的调整。我回想在招聘记者和编辑时,其实我心中早有定见,而面谈的问答只不过是在验证我的直觉而已。

华航的经验,让我对主管的能力要求又增加了一项,那就是专业直觉识人术。每一种岗位都有特殊的能力要求,而这些能力也会搭配相关的性格条件,专业的主管要培养出对特定岗位的专业直觉识人术。

后记

1. 在每一个领域，只要仔细揣摩，都可以找到一些自己的感觉，重点是要在观察人时费心累积经验。

2. 对狡诈之人、对会说谎之人、对道德操守不佳之人、对孟浪之人、对没耐心之人、对才华横溢之人，我都尝试找出一些基本的行为模式，并牢记在心，这些都构成了我专业直觉识人术的一部分。

Chapter

5

自慢的生涯抉择

我永远充满"野性的斗志"，
只要我想要，不达目的，决不终止。
当然，无论面对多么困难的情境，
我绝对不会放弃，
这些都是我相信的事，
伴我度过人生中的每一次转折。

年轻时，我决定从事媒体工作，到《中国时报》应聘，信佛的妈妈告诉我，她要到关渡官问一问妈祖，看好不好。我不能拒绝。结果妈妈回来告诉我，妈祖说不好，记者像流氓一样，不要当记者。我告诉妈妈，来不及了，我已经辞职了。

后来，我决定离开《中国时报》，自行创业，妈妈又说，问问妈祖吧。我还是不能拒绝。妈妈问完妈祖后告诉我，妈祖说《中国时报》很安全，不要辞职，创业太危险，不要去！我又告诉我妈妈，来不及了，我已经辞职了。妈妈不放心，但也只好由我了！

我不是无神论者，但在每一次职业生涯转折时，我自己做决定、自己做判断，我自己的路，自己勇敢地走。

我依靠的是一些基本观念，如"追随内心的呼唤"，每一次要改变时，我认真地问自己未来我想要什么；又如我永远充满"野性的斗志"，只要我想要，不达目的，决不终止。当然，无论面对多么困难的情境，我绝对不会放弃，这些都是我相信的事，伴我度过人生中的每一次转折。

65

野性的斗志

　　淝水之战的谢安，遇到的是兵力超过己方十倍的敌人；草船借箭的孔明，遇到的是一个根本不可能完成的任务。

　　这是历史上古老的故事，但在现实生活中，我们也会遇到很多类似的状况，这个时候，需要的就是"野性的斗志"，拔出剑来，奋力一搏，我一定要成功，谁也不能阻挡！

　　我曾见过一位让我敬畏的年轻人。他曾经是我的业务主管，在1995年互联网热的时期，有一次我和他谈到未来世界有两项关键的技能，一项是操作电脑，一项是使用英语，未来世界离不开对电脑的使用，而互联网热又让英语成为世界语言，没有这两项技能的人，未来将是弱者。

　　隔了三天之后，他来看我，带了一台笔记本电脑，告诉我，他花了三天，学会了电脑的基本操作应用，包括中文打字，他努力地向我展现他这三天几乎不眠不休的学习成果。

　　之后，他又努力地学英语，几年以后，他不但能用英语沟通自如，有一次在一个领奖的场合，他甚至用英语发表致谢词！现在他早已自行创业，开了一家应用软件公司，技术开发团队遍布世界各地，这家公司很可能是未来互联网世界的明星公司。

　　我对他的敬畏，来自于他身上奔流的野性的斗志，他努力向上不服输，心里没有不可能，只要他想做，他会用不可思议的方法，用最短的时间去完成。他的斗志、速度、执行力经常会吓我一大跳。

　　我就是一个充满野性的斗志的人，但我碰到了更不可思议的年轻人，我能不害怕吗？于是我投资他的公司，让他永远地成为了我团队的一部分。

世界上大多时候有常理可循、有常规可依，但我们也常常会遇到不合理的状况。如淝水之战的谢安，遇到的是兵力超过己方十倍的敌人，草船借箭的孔明，遇到的是一个根本不可能完成的任务。这些都是历史上古老的故事，但在现实生活中，我们会遇到很多类似的状况，如不讲理的老板要求你承诺完成做不到的业务，要求你去做一件他自己都没把握的事，甚至发生意外时，你可能在千钧一发之际，只有 1% 的可能逃命……

这种时候，你无法讲理，无法选择要不要，思考可能不可能更无意义。这种时候，你需要的就是野性的斗志，拔出剑来，奋力一搏，一定要成功，谁也不能阻挡！

野性的斗志不是与生俱来的，而是逐渐培养出来的。所有的生活体验，都可以视作培养野性的斗志的过程，对于父母说的、老师交代的、主管命令的事，都要告诉自己，绝对不说"不"，不去思考事情可能不可能，只想如何去完成，这就是严格的教育与训练会培养出最精锐的军队的原因。每一个人的战斗力，是建立在内心野性的斗志的基础上的。

外在的训练是一件事，在自我要求中，让自己挑战不可能的任务，是培养野性的斗志的另一种方法。只要有机会，就下定决心做一件不可能的事，然后想尽各种办法去完成它，这是自我培养斗志的方法。前面的故事——三天学会计算机操作——就是例子，没人要求那个年轻人，他自己决定要学会，于是他就学会了！

或许有人会问，为什么要这么折磨自己？对这种看法我没意见，但至少这不是我的风格！我只是不想当那个影像模糊、没有特色的平常人！你呢？

后记

这又是一个关于人生态度的辩题：你是要轻松过平常人的生活，还是要全力以赴活出不一样的人生？如果选择后者的话，那么斗志（fighting）就是关键。

我玩橄榄球，原因无他，这是一个打团队、打斗志的球种。我的身材、体型可能不如人，但我决不畏缩，奋战到底，斗志会将不可能化为可能。历史上所有以弱胜强的战争中，胜利者靠的都是野性的斗志！

66

千万别做生意

"千万别做生意"，没有人会相信这句劝告的。我并不是真的建议所有的人都不做生意，而是说如果你有其他的天分，千万不要"随俗""随性"地走上做生意的路。

因为有做生意天分的人在人群中只占 1%……

有人就应该"千万别做生意"，因为违反造物者的原意，造物者给了你别的天分，你为什么偏偏不知足，要跌入商场的凡尘？

你能想象京剧名伶梅兰芳转战商场，变成一个成功的生意人吗？或者国画大师齐白石经营公司，过着锱铢必较的日子？又或者《红楼梦》作者曹雪芹像胡雪岩一样，呼风唤雨，跟钱往来？

相信大多数人都不能想象上述的情景，甚至大多数人认为这不是一件正确的事，因为造物者已经给了这些人很特别的路，让他们演的是很特殊的角色，但绝对不是生意人！可是，如果梅兰芳一定要做生意呢？我们不仅不能想象，而且几乎可以确定结果一定是悲剧，或者至少对梅兰芳个人而言，绝对是一场劫难、一段痛苦不堪的经历，而我们所认识的梅兰芳也根本不会出现。

其实这是很容易懂的道理，每个人有每个人的路，条条大路通罗马，行行可以出状元，为什么一定要走入做生意的窄门呢？

　　不幸的是，台湾地区是一个太富裕的社会，你身边随时有挥金如土、随心所欲的有钱人出现，有钱与有成就几乎完全能画上等号，而想跻身有钱人之列，做生意是最明确的道路。年轻人怎能不立志做生意、赚大钱呢？

　　这似乎是完全不可能被接纳的劝告，"千万别做生意"，没有人会相信的。不过没关系！我真正的意思并不是让所有的人都不做生意，而是说如果你有其他的天分，千万不要"随俗""随性"地走上做生意的路。

　　明显的例子是艺人。电视上不是常常报道某知名艺人在从事演艺工作之余，又开了服装店、珠宝店、餐厅、冰激凌店……好像艺人不开个店做做生意就是无能、不够红，可是你听过多少艺人做生意成功的呢？很少。

　　台湾地区知名艺人、现在走红新加坡的主持人曹启泰的经历就是很好的例子，在他的新书《一堂一亿六千万的课》中，他坦白地诉说了他如何开了五家公司，如何在五年之内赔了一亿元新台币，如何暗无天日地度过借钱、核对支票的日子。曹启泰的故事是我亲眼所见的最典型的创业故事，说明的只有一件事：不是人人可创业！

　　如果有机会，我还是要说，千万别做生意，除非你有做生意的天分，而这个概率可能只有 1%，你有吗？

后记

　　有人问我，你是希望大家都别创业吗？

　　不！我鼓励大家都创业，因为功名利禄全在创业中。而这篇文章是让每个正要创业的人再一次检视一下自己的个性、自己的准备，也让那些不甘心领薪水的人，先做一些心理建设。创业成功的果实很甜美，但历程凶险，粉身碎骨的可能性也很大，因此，创业前一定先要想清楚！

67

远离舒适圈

追逐舒适圈，是人之常情；找一份较舒适的工作，人人希望如此。

问题是这个逻辑永远对吗？　当然不是，如果你现在已经超过 40 岁，未来的发展已经受到许多限制，那么对任何的异动，都要审慎。如果你现在还年轻，如果你刚入职场，未来的发展还有无穷可能，舒适圈会让你安逸、懈怠，限制你未来的发展。

最近公司内有一项新事业发展计划，是关于数字内容的构建与发展的，由于是一项全新的事业，因此需要调一位有能力、有想象力的主管去负责。我挑了一位过去表现良好的主管，希望他完成这项艰巨但公司非常重视的计划。

这位主管刚开始表现出了浓厚的兴趣，并深入地了解了计划的内容，我很高兴有人接手这项工作。不过最后他却拒绝了这项工作，让我非常失望。我不得不再约谈他，希望了解问题的根源。

他说了许多的理由，例如：对新工作不熟悉，原工作任务未了，一时走不开等。可是在我看来，似乎都是一些不明确的理由，我觉得其中一定还有说不出口的原因。

我从他的好朋友口中得知，他真正顾虑的是，他对现在的工作已经非常熟悉，而且他所在单位的运营状况也很好，他不愿放弃现在这份熟悉而"轻松"的工作，去面对一项有挑战性但成果未卜的任务。

知道这个理由后，我十分失望，我知道又是舒适圈现象在作祟。如果目前的工作稳定、舒适、安逸，其实很少有人愿意接受新的挑战，去面对不可知的未来。

在职场中，总有舒适圈与艰困圈的划分。就算在同一家公司，也有部门差异。有的部门运营良好，员工福利、待遇都佳；有的部门则较辛苦，员工福利、待遇都差。这就是舒适圈与艰困圈的差异。当然，不同的公司、不同的行业，其舒适圈与艰困圈的差异就更大了。

追逐舒适圈，是人之常情；找一份较轻松的工作，人人希望如此。问题是这个逻辑永远对吗？ 当然不是，如果你现在已经超过 40 岁，未来的发展已经受到许多限制，那么对任何的异动，都要审慎。可是，如果你现在还年轻，如果你刚入职场，未来的发展还有无穷可能，舒适圈只会让你安逸、懈怠，限制你未来的发展。

在我带过的所有主管中，差异是很容易分辨的。快速成长、潜力无限的主管，通常都经历了各种不同的考验，他们态度开朗、乐观进取，面对新事物不忧不拒。反之，变动较少、成长较慢的，其未来的发展也受到了限制。

如果变动是跨行业、跨公司的，甚至是职业生涯转变，当然要慎重。但如果是在同一个行业、同一家公司内，工作变动，其实大多意味着培养与晋升。公司愿意把新的挑战交给一个人，隐含了认同与肯定。如果你拒绝的真正理由，只是不愿离开舒适圈（当然你会用别的理由拒绝，只不过事实的真相绝对瞒不过聪明的老板），那就很可惜了。

或许应该这样说，在 30 岁以前，勇于探索新事物、新工作、新机会，以增强自己的历练、能力，是让自己具备多项专长的不二法门。而在 40 岁之前，虽然在某些领域你已经有了一些成果，但是远离舒适圈、不断接受新机会与新挑战，仍然是必要的态度。一味地待在安逸的舒适圈，结果只会让自己在职场中被边缘化，变成可有可无的员工。

后记

　　一位老朋友告诉我，"远离舒适圈"是写给年轻人看的，像我这种老人家（50多岁），当然要守稳舒适圈了。

　　我笑笑，也理解，人各有志。但我的想法不是这样的，我认为人只要丧失斗志、丧失挑战欲，很快就会消沉枯萎，因此我虽年过半百，但仍斗志昂扬、雄心万丈。

　　我不断开启新战场，我喜欢和年轻人一起探索未来。一个年轻人告诉我："何先生，你是战士。"我回答："是的，我乐在战场，而不要安乐窝！"

68

让想象飞翔

想象其实只是态度，当你拥有积极的想法（positive theory）时，你的想象力便丰富起来，所有的可能都会出现。

当你对所有的事都好奇时，你会发觉这个世界变化万千、璀璨绚烂，所有的可能都在等着你。当你大胆假设时，许多平时意想不到的事，也都会变成可能。

所以，选择让想象做一次高空飞行吧！

1994 年左右，我在法兰克福书展上看到了一种设计新颖的旅行地图，这种地图折起来只有巴掌大小，正好可以放在口袋中，而打开时约有 B4 纸大小，适合旅行者在户外使用。更重要的是，它的折叠方法，极其方便简单，打开时像爆米花一样爆开来，收起来时又缩回原样，完全没有一般地图那样打开了不易折回去的困扰。当时卖这种地图的老板只有一个小摊位，他告诉我，他的产品有专利。

2004 年，当我再到伦敦参加书展时，我赫然发觉，这家公司已经变成了一家大公司，名为 MAP Group，摊位气派。十年后再见这个老板，他告诉我，他已经拿下了英国 30% 的旅游地图市场，他生产的 Popout 旅游地图卖遍了全世界。

这是一个活生生的创业故事，从创业者的一个想象出发，事业从无到有，从小到大。在我跟这位老板的对话中，我更了解到他的创业是从伦敦近郊的巴斯（以古罗马浴池闻名）开始的。他设计了巴斯的旅游地图，在巴斯的街上摆摊向游客贩卖，不时还要躲警察。那时他发觉地图难折，于是设计出了后来的 Popout 地图。更有趣的是，他原来的职业是飞行员，只不过不想再因飞行而远离家庭，因而决定创业。一切都从想象开始，让想象力飞翔，他的创业故事也随之展开。

这个故事充分说明了"想象"的经济价值。让想象从一个念头，变成梦想推演，再从梦想推演延伸成具体的行动方案，再化为实践体验。如果再加一点幸运，就会变成一个成功的创业故事。想象、想象力，通常是所有故事的源头。问题是，对未来充满憧憬的你，除了憧憬，你有想象与想象力吗？

其实大多数人是缺乏想象与想象力的。报明年的业绩，你只能根据今年的业绩，往上酌情加一点，甚至还怕保不住今年的业绩；谈营销，你只能就过去所做过的事，重新组合再做一遍；规划新产品，你通常也只是依照过去的经验，预估未来的销售量，极可能还充斥着对失败的想象，不会有令人兴奋的规划；对你自己的未来，你就更审慎了，现状是安定的、安逸的，就算所有的分析都告诉你，改变大有可为，但你还是会思前想后，不能放手一搏。

想象其实只是态度。当你拥有积极的想法时，你的想象力便会丰富起来，所有的可能都会出现。当你对所有的事都好奇时，你会发觉这个世界变化万千，璀璨绚烂，所有的可能都在等着你。当你大胆假设时，许多平时意想不到的事，也都会变成可能。

想象其实只是一种假设。我做任何事时都要问，如果做成功，成功的果实有多甜美？期望值够大，我们才会做。如果我们没有想象，我们就不会对任何事有热忱、有兴趣。

当然想象只是"大胆假设"，一旦要付诸行动，更要"小心求证"。我们不能只凭想象就下手，但是如果没有想象，就永远不会行动。做任何事之前，先让想象飞翔吧！

后记

　　Popout 旅游地图是一个极精彩的创意，靠这个创意，这家公司能在竞争激烈的旅游业界独树一帜，这个创意的来源就是老板的想象力。

　　"有梦最美，希望相随"是一句流行语，而有想象力才会有梦和希望，没有想象力，就是把自己囚在斗室之中，有何乐趣呢？

69

你可以选择
不同的生活

　　每个人都想工作轻松，想拥有不一样的生活，这当然无可厚非。有些人可能工作繁重，但内心却自由而轻松；有些人选择了轻松的工作，却永远受制于人，无法活出真正的自我。

　　如果是你，你想要选择什么样的生活？

　　一位表现非常杰出的年轻人，我想提升他做主管，没想到他竟然拒绝了，他告诉我："何先生，谢谢你的好意，但是我不想像你一样辛苦，我想选择不一样的生活！"

　　当下我无言以对。活出自我，寻找不一样的路，似乎是当今社会流行的人生观，我怎能否定呢？

　　我想起当年我决定考"预官"时的情景。大学毕业时，我因对政治思想科目不感兴趣，决定放弃"预官"考试，去当大头兵。但就在考前一周，我想到如果当大头兵，我要经过被班长、排长、连长管的过程，完全没有自我，要承受一年多受制于人的生活，日子该怎么过呢？念头一转，我决定考"预官"。我花了几天时间，生吞活剥所有的考题，我考上了"预官"，也找回了一年多能够自我管理的当兵的日子。

　　年轻人看到我工作的繁忙，看到我压力的沉重，但却没有看到我工作中的自我。我只做我相信的事，只说我相信的话，工作中我能商量、会妥协，但我决不会出卖良知，我用我喜欢的方法，管理我的团队，我拥有自我，我自主管理。

无论身居什么职位，在组织中，我都全力以赴，以期表现杰出。我要的不只是升职加薪，说真的，那并不重要，我真正要的，是我能取得发言权，让组织按照我的逻辑走。我越被组织认同，我的空间就越大，我的自主管理就越有效。我所有的努力，只不过是为了活出自我。

年轻人想工作轻松，想拥有和我不一样的生活，这无可厚非。既是选择，就无是非对错。问题是，他不知道我工作繁重，但内心自由而轻松。而按照他的选择可能工作轻松，但永远受制于人，是不可能真正活出自我的。

更何况，如果他碰到一个像我一样的老板，知道他对未来没想象、对成长无指望，那么给他的工作一件也不会少，但好的机会、好的舞台，却绝对轮不到他。结论是，他不可能轻松，也不会有不一样的生活，但在组织中却会被边缘化！

选择不一样的生活，是令人向往的，也是好的人生抉择。但要选择不一样的生活，就要离开组织，去流浪、回家种田都可以，绝对不是又要留在组织中，又想用和组织不一样的工作态度、生活哲学来找回自我。

我一贯的态度是，不和组织对立。组织步调快，我步调更快；组织谈获利，我努力赚更多；组织有理想，我理想更高远。目的无他，就是要用最简单的方法，摆脱组织的纠缠，找回自我。当然，我一旦获得组织中的关键地位，甚至有机会改变组织的逻辑，我就能找回真正的自我，得到想要的生活。

每一个人都可以选择不一样的生活，但在组织中不能！活在组织中，你只能顺应组织的逻辑，用更高的工作效率，得到组织的肯定，也同时得到更大的空间，这样你才有机会找回自我，得到想要的生活。

后记

这也是关于人生态度的争辩，我发觉太多人在富贵功名与轻松生活之间徘徊。我的答案还是一样的，你可以离群索居、遗世独立，那才有自己过生活的可能，但这也表示要辛苦地自给自足：那是遥远的农耕时代的生活。

反之，在现代社会中，在公司中，要不然就积极进取，升官发财，要不然就被边缘化，随时可能被淘汰。

70

追随内心的呼唤

如果是真正的"内心的呼唤",就算再辛苦也要乐在其中。

年轻的朋友常会误解追随"内心的呼唤"的定义。一位年轻朋友告诉我旅游是他最喜欢的,为了旅游,他不惜牺牲工作。

我回答,有谁不喜欢旅游呢?但如果旅游是工作,你还喜欢吗?想想导游,每天都在旅游,但你喜欢那种生活吗?

真正的"内心的呼唤"与喜欢,是指充满热忱,怀抱理想,有一个愿望要实现,而不只是喜欢表面的享乐。

有一个非新闻专业的学生来应聘摄影记者,他完全没有实务经验,只是因为喜欢摄影才来,同时还有许多位应聘者,条件都非常好,我实在没有用这位非新闻专业的学生的理由。但他告诉我,他实在太喜爱摄影了,任何时间,相机都不离手,在拍照的时候他得到了最大的快乐,希望我能给他试用的机会。我决定让他试一试,结果,他几乎成为我记忆中最好的摄影记者之一。

我见过一个财务金融专业的高才生,她拥有会计师执照,但是她从来都没有从事过财务会计工作。她进了媒体,做上市公司的财务分析,后来与朋友一起创建了财务数据库公司。她是我见过的最专业的财务分析人员,对上市公司的财报了如指掌,任何一个小错误,她都能发现,而她的数据库公司也广受信赖,获利极佳。

聘用专业的员工，因为学有专精，这是一般的用人逻辑。但是兴趣与热忱则是另一个关键要素。当一个人做自己感兴趣、有热忱的事时，会全力投入，从而得到最好的结果。

我从事的媒体工作，就是一类最讲究兴趣与热忱的工作。我告诉所有的新入职者：这是一份有理想色彩的工作，如果你没有想法、没有改变社会的动机，千万别进此行，因为复杂、危机、辛苦常存，且待遇不高。

年轻朋友常和我探讨他们的困惑，尤其是当有几个工作机会可供选择时，在待遇、环境、工作内容之间，他们常困惑不已。我的回答通常很简单：倾听自己"内心的呼唤"，这应是最重要的思考因素。什么是你的兴趣？什么是你内心最深的愿望？什么是你觉得有意义的事？那才是你最应该去做的事！不要在乎金钱、环境，不要在乎外在的牵绊！

但什么才是真正的"内心的呼唤"？年轻朋友常会误解其定义。一位年轻朋友告诉我旅游是他最喜欢的，为了旅游，他不惜牺牲工作。我回答，有谁不喜欢旅游呢？但如果旅游是工作，你还喜欢吗？想想导游，每天都在旅游，但你喜欢那种生活吗？真正的喜欢，没有条件，再苦也乐在其中。真正的喜欢，是指充满热忱，怀抱理想，有一个愿望要实现，而不只是喜欢表面的享乐。

现实是阻断"内心的呼唤"的另一个杀手。许多人暂时放下"内心的呼唤"，因为现实不许可！许多人会说，当我赚到了足够的钱，当我有了成就，我再去追逐理想，现在所做的事是"事业"，一旦"事业"有成，我再去完成"志业"。许多中年人、许多占据重要职位的人，都这样说、这样做。问题是一旦你迁就现实，很可能就一辈子错过了"内心的呼唤"！

你所谓的现实，其实和年轻人把喜欢享乐误当成有兴趣没两样。贪恋现在，其实只是想要有更多的钱，只是受到物欲的勾引，但物欲的满足，能让你真正快乐吗？

倾听"内心的呼唤"，追随"内心的呼唤"，无论今年你年龄几许，无论现在你有多少钱，忘记你现在的职位，别再等待！

后记

　　"内心的呼唤"很重要，每个人都要倾听。但请注意，也有很多虚假的"内心的呼唤"，千万别被骗了。

　　当我们工作不顺利时，当我们心情低落时，我们很可能对现状不满、对现实厌倦。这时候虚假的"内心的呼唤"就会油然而生：现在的生活不是我想要的，我要重新寻找真正的兴趣。

　　虚假的"内心的呼唤"很容易辨别，因为它不能代表真正的向往，也没有真正的兴趣支撑，只想丢掉现状即可。千万别因虚假的"内心的呼唤"而离开现有的工作。

71

释怀、谅解、宽恕，
海阔天空

面对坏事，该怎么办？抱怨、生气是大家最常见的反应，但之后呢？要记恨吗？要报复吗？能达到最高境界"相逢一笑泯恩仇"吗？忘记，是最简单的方法，把坏事扫进历史的垃圾堆吧！

一位年轻朋友来"倒垃圾"。他很不甘心，筹备了许多的活动，事前一再地检查、一再地演练，一切都那么完美，但谁知道一场大雷雨，打乱了一切步骤，破坏了所有的努力！他尤其不甘心的是，偏偏雨只下那么一小时，事前不下，事后也不下，就只在那关键的一小时来搅局，这不是捉弄人吗？

另一位年轻朋友则抱怨，相关的单位不配合，太本位主义，坚持流程，不肯做一些妥协与让步，致使他的事情无法如期完成。我问他："你做到一切都照流程来了吗？"他回答："我只不过晚了一天，况且又不是因为我的错，是作者晚一天交稿，其他单位为什么不能通融呢？"

还有一位年轻朋友气冲冲地准备打官司，因为已签约的作者琵琶别抱，而且还放话说他公司的不是。我问他："打完官司，然后呢？"他回答："出气啊，也可以让作者知道出版社不是好欺负的！"

三个完全不一样的案例，但是"剧情"的本质都一样：当有坏事降临时，该怎么办？这三种反应都常常发生在我身上，但随着年龄的增长，我尝试学习不一样的应对方法，虽然到目前为止，也还是常常暴跳如雷、常常义愤填膺、

常常破口大骂，但真正的行动、真正的反应，往往要慢好几拍，好让找自己
冷静下来，因为对这些事，我真正的反应是：释怀、谅解与宽恕！

　　第一种状况，对不可抗的意外，对不可测的疏忽，就算有人该负责，
但当事人已十分自责、懊恼，这个时候，生气、愤怒都没用，反而只会让
所有人更伤心。这时候正确的态度是释怀，是一笑置之，是对老天爷说：
"你没看到我这么努力，竟然还开这么大的玩笑！你欠我的，有一天要还
给我！"用时间来忘记不愉快，转个念头，世界会更美好！

　　第二种状况，需要的是自省与谅解。每一个单位都按规定办事，每一个
人都有不同的思考方式，不可能每一个人都对你身上所发生的事感同身受。
当别人的想法和你的不一样，用非你所期待的方法来回应时，你觉得受到了
不公平对待，但追根究底，对方也没错，其实我们无法怪任何人。这时候每
个人都会不平，都会不满，但我们真正需要的是：谅解！谅解对方的立场、
谅解对方的难处、谅解制度的僵化、谅解主事者有不能克服的角色限定……

　　第三种状况，我们面临的可能是背叛，可能是被算计，可能对方根本就
是坏人，这个时候法律可能是解决问题唯一的途径，也可能是必然的方法。
问题是，通过法律能否讨回公道？这是我冷静下来之后常常思考的问题，赢
了官司、赢了面子、得到赔偿、赢了里子……到底是哪一种结果？但大多数
情况下，我发觉其实什么也得不到，或者应该说打官司也许可以得到一些
回馈，但通常也会付出机会成本，其实不划算。因此，宽恕通常是我的选
择，我把别人的不义当成欠我的"自然债务"，老天爷终究有一天会要他偿
还的。

后记

　　人类社会是个小圈圈，撞来撞去，总会遇到熟人。有时候我们不小心
结了冤家，心想反正以后不碰面就没事了，谁知道，山不转水转，哪天又
撞个正着，这时候，要如何面对冤家，就看每一个人的态度了。

　　我通常选择释怀、选择谅解、选择宽恕。我还记得我曾对一个自以为
是我仇人的人说："你放心！我记性不好，我们从现在开始重新做朋友，
过去的事就算了吧！"

72

你放弃了吗？

我一生创办了数十种杂志，其中最让我煎熬的杂志亏损了七年，还有的亏损了五年、三年，一般的也要亏损一年左右，只有极少数的刊物能一战成功。在这些亏损的日子里，我与同事们最关键的对话就是："你放弃了吗？"

在煎熬中，总有许多同事会来向我辞职，因为无法忍受暗无天日的亏损折磨。虽然他们只是打工者，但经营公司的辛苦，他们看在眼里，感同身受。更痛苦的是，产品不成熟、读者少、得不到认同、工作没有成就感，日子一久，他们选择离职，理所当然。

这时候，我与他们最关键的对话就是："你放弃了吗？"我要确定的是，他们是因为其他个人的原因而离职，还是因为目前的低谷、目前的痛苦而选择放弃。如果是这样，我更要确定他们是否决定要向失败投降。

有很多人最后留了下来，也有很多人选择走，我不能改变，也不能勉强，但在这其中，我深刻地体会到了"乐观看未来"的重要性。

人生有起有落，有好时光，也有坏日子。好坏相连，祸福循环。每个人都会过好日子，但只有少数人能正确面对坏日子，能从低俗中奋起，而奋起的关键就是积极看待未来，对明天抱持乐观的想法。因为乐观，你可以在黑暗中仍然摸索前进；因为乐观，你可以在最后一刻仍然不放弃、奋力一搏；因为乐观，你可以在痛苦煎熬中仍然斗志昂扬；因为乐观，你才有机会在绝望中发出救命声，让上帝听到你的呼喊。

一位年轻朋友告诉我："你是一个无可救药的乐观主义者。"我猛然惊醒，为什么会这样呢？我确实看任何事都从好的方面去想。遇到坏的事，我会想，总会遇到的，我今天遇到了坏事，明天就应该不会再遇到了；如果明天又遇到坏事，我会想，已经连着两天了，后天应该会变好；如果后天又遇到坏事，我会跟上帝说："我已经遇到这么多坏事，上帝你应该公平点，要记得还我。"我认为，人的一生所要遇到的坏事总量是固定的，现在每遇到一次，未来我遇到的坏事就少一次，因此我"遇坏则喜"，因为又过了一关。

让我保持乐观的，还有另外一个原因，那就是"忘记"。遇到挫折、遇到坏运气，我常常觉得事情已经发生了，后悔、生气也没有什么用，就接受这个事实吧！忘记这个不愉快的经历吧！留一点力量去想怎么解决，不要懊恼、不要生气。因此在最困难的时候，通常我会回家睡一觉，养精蓄锐之后，再回来面对困难。当然，有时也可能事情太严重、处境太艰难，回家也睡不着，这时候我就会采取另一种方法，去打一场激烈的球，把自己累到筋疲力尽，用身体的劳累，逼自己放松睡觉。醒来后，再放手一搏。

我知道要保持乐观并不太容易，尤其是当人生陷入低谷时。问题是，悲观、生气、恼怒、担心，绝对于事无补，只会让你跌入更黑暗的深渊。乐观会使我们支撑到最后一刻，会使我们不放弃，不放弃才有机会逆转，机会永远是留给存活最久的人的。

后记

在商场上，我看了太多阴错阳差的故事。有人撑不过，从此身败名裂；有人撑过了，又能够呼风唤雨。这一线之隔，就是天壤之别，关键在于当事人是不是放弃了，放弃就意味着盖棺论定，比赛结束。

在逆境中绝对不能放弃，绝对不能让比赛结束！

73

认输逃避的名字是
"这不是我的兴趣"

　　每一个人都该认清低潮的自己、懦弱的自己、想不开的自己。在面对人生的高低起伏时，逃避是很自然的反应，认输也是可能的态度。

　　只不过没有人会真正把"认输逃避"作为理由，因为这理由太差劲了，表明自己吃不了苦、禁不起考验，于是"这不是我的兴趣"变成了最常用的理由。

　　因为买房子的缘故，我认识了一位相当认真负责的房屋中介员。最近他在认真向我请教转行的事。我问他："你不是做得不错吗？为什么想转行？"他回答："现在我对买卖房子已经没有兴趣、没有热忱了！"我再问："那你对什么事有兴趣？"他说还在想，不知道。

　　这种情况我见过太多了，也太熟悉了。我继续问："你最近的业绩好吗？""不好！"和我的猜测完全一致。"你过去的业绩好吗？""曾经很好。""那你过去对卖房子有兴趣、有热忱吗？""那是刚开始的时候，政府不打压房地产，相较现在，生意好做多了。"他的回答也合乎我的判断，他其实并不是因为兴趣不合想离开，而是因为挫折、耐不住寂寞！

　　我没有直接告诉他我的想法，怕打击他的信心，但我提供了几个思考方向：

　　第一，确认自己对什么事有兴趣，而这件事又可以当成事业去经营。

　　第二，确认对现在的工作没热忱、没兴趣，是不是受了环境不佳、生意不好做，致使业绩不佳、奖金不多的影响？

第三，回想一下，过去业绩好的时候，你是否觉得对房地产买卖业务充满了热忱呢？

这位年轻朋友还没有给我答案，但根据我的经验，90％以上的可能是，他根本不是没兴趣，或者说，他根本不知道自己对什么有兴趣。做房地产，也还 OK，只不过随着市场起伏，随着业绩波动浮沉，他没信心了。现在想离开，只不过是用"这不是我的兴趣"来逃避认输。大多数的人，在面临职业生涯因受挫而陷入低谷时，都会用"这不是我的兴趣"作为逃避的代名词。

我也曾经陷入低谷，我也曾经想转行，只不过上天眷顾我，当时我想不出有兴趣的事，也正好没有其他的机会，而我又家无余粮，不能辞职，只能继续做，慢慢找答案。而后来，低潮过去了，心态平复了，我又发觉我对原来的工作还是充满了热忱！

这些都是一时一地的起伏。每一个人都该认清低潮的自己、懦弱的自己、想不开的自己。在面对人生的高低起伏时，逃避是很自然的反应，认输也是可能的态度。只不过没有人会真正把"认输逃避"作为理由，因为这理由太差劲了，表明自己吃不了苦、禁不起考验，于是"这不是我的兴趣"变成了最常用的理由。

其实，事情的真相十分容易检验。如果你真的对某事有兴趣，愿意把它当成你的事业或志业，你会很清楚地知道你要做什么，你也会很清楚你的目标是什么，而不是只知道"这不是我的兴趣"，却对于自己对什么有兴趣一无所知。

老实说，真正对某件事有兴趣而倾尽一生去追逐的人少之又少，这种人都是人中龙凤。而大多数人都是随缘接触一件事、熟悉一件事，习惯成自然，终于喜欢上了这件事，最后因为这件事而成就了自己一生的事业与志业。

最悲哀的人则是禁不起挫折的打击、跨不过人生的低潮，学书不成，学剑也不成，回首一生，啥都没做成。

但愿没有人会认输，没有人会逃避，不用"这不是我的兴趣"当理由。弱者通常一辈子都找不到自己真正的兴趣！现在，你找到自己的兴趣了吗？

后记

　　我一生只做一件事：媒体工作。但角色上有很多的转换，可以是记者，可以是编辑，也可以是销售、发行、策划等，所有的变动都发生在同一个行业中。我也常有低潮的时刻，但我会坚持，不轻易转变。最后，在这个行业中，我累积了可以获得的最大成果。

　　原因只在于，我克服了无数次"这不是我的兴趣"的直觉判断！

74

营造自己的世外桃源

如果你是一名主管，不论你的部门有 3 个人，还是 30 个人，你都有一定的空间在外部环境混乱而不上轨道的公司中，营造你自己的"世外桃源"。而你要做的就是理解公司的不足，少去抱怨公司的无能，把有限的精力用在部门内的流程与效率改善上，让你的团队、你的下属，在你的羽翼下，努力地改变现状，追求更好的绩效。你无力使公司变成最好的公司，但可以使你的部门变成最好的部门，而你，就是那名能改变现状的最佳主管。

在我创业的过程中，公司从来就没有井然有序过。所有的主管都向我抱怨，公司没制度、公司人手不够、公司的做法没有规范、公司的规定不合理。通常我都无言以对，因为他们说的都是事实。在我资源有限的时候，我只能把有限的资源投入在关键的流程上。至于非关键性的工作，我只能聊备一格，能做多少算多少，不能用正规的方法配备必要的人力，给予应有的待遇。因此公司没制度、不规范，这绝对是真的，同事的抱怨，也都是对的。

但是我也见过不抱怨的主管，这位主管在十分紧急的情况下，出任一个任务艰巨的职位。前任营销主管因故离职，这位主管在我的请求下勉强上任。但在后来的两年中，他成为我心中最佳的营销主管。他用最有创意的方法，开展了许多近乎免费的营销活动。借助外部合作伙伴的通力协作，发挥整合营销的作用，创造了很多令人意想不到的成果。

最让我感到意外的是，他从来不抱怨公司资源少、营销费用不足（抱怨是其他所有营销主管都会做的事）。有一次到大陆办一场大型的营销活动，我真正见识到了他的工作内力。出门在外，能带的人手极少，但他却能有条不紊地安排每一个人的工作，再加上他自己，用最有效率的方法完成任务。他的团队是一个默契十足、紧密合作的高效率团队，完全没有我公司常见的混乱现象。他用他自己的方法，在一个不上轨道的公司里，营造出了适合自己工作的"世外桃源"。

这个案例，让我体会到一位杰出的主管应该有能力改变环境。要在职场中寻找一个理想的工作环境，几乎是不可能的（任何组织都有缺点）。与其不断地抱怨组织的不足、协助单位的不配合、资源的不充分，不如把环境视为不能改变的前提，用自己的力量、自己的方法，尝试改变与突破，这才是杰出主管的本事。

事实上，当许多主管向我抱怨时，我是无能为力的。许多组织上的不足，并非因为公司不作为，而是在现有状况下有些事还做不到。因此面对抱怨，我只能感到难过。上述那位杰出的营销主管，其实明白所有的情况，他不愿让我为难，他把公司的不足，当成不可改变的前提，然后在这个基础上，用他自己的力量，寻求解决之道。他无力改变整个公司，但他可以在他自己的部门内创造一个适合他及下属工作的"世外桃源"。在这样的认知下，他的部门的工作成果比起许多其他的部门来说，当然要杰出很多。

如果你只是一名员工，自己能掌握的因素太少，自己可发挥的空间太小，那么要想营造自己的"世外桃源"，可能性不大。但是，如果你是一名主管，不论你的部门有 3 个人，还是 30 个人，你都有一定的空间在外部环境混乱而不上轨道的公司中，营造你自己的"世外桃源"。而你要做的就是理解公司的不足，少去抱怨公司的无能，把有限的精力用在部门内的流程与效率改善上，让你的团队、你的下属，在你的羽翼下，努力地改变现状，追求更好的绩效。你无力使公司变成最好的公司，但可以使你的部门变成最好的部门，而你，就是那名能改变现状的最佳主管。

后记

危邦不入，乱邦不居，旨哉斯言，但如果天下皆危邦怎么办？

有的人期待找一份安定的工作，找一家运营良好、制度健全的公司，但这太难得了。待在危邦中，又要快乐工作，不妨营造自己的"世外桃源"，这是我苦中作乐的方法。

75

大气、骨气、志气

大气，指的是气量宽宏，也就是心胸宽广。和心胸狭隘的人相处一辈子，绝对痛苦。

骨气，指的是有自己的原则，有自己的看法，绝对不为名为利委曲妥协，扭曲公理正义。

志气，指的是要对自己有期待，对未来有想象。

一个年轻人带着她的男朋友来看我，因为她在考虑嫁给他，在决定前，希望我这个老前辈帮她鉴定一下。

我没有告诉她我对她男友的看法，但是我提供了三个检视标准：大气、骨气、志气。请她自己判断。

大气，指的是气量宽宏，也就是心胸宽广。女孩子选丈夫，就好像买彩票一般，谁知道那个很爱你的男人，未来会不会变成"狼人"，会受到什么引诱？但和心胸狭隘的人相处一辈子，绝对痛苦，因为夫妻间要相互忍让，只有大气的男人，才能托付终身。

骨气，指的是"富贵不能淫，威武不能屈"，也就是孔夫子所说的"造次必于是，颠沛必于是"。要有自己的原则，有自己的看法，绝对不为名为利委曲妥协，扭曲公理正义。做丈夫的就是要让妻小依赖，一辈子挺不起腰杆的丈夫，不要也罢。

志气，指的是要对自己有期待，对未来有想象。无论自己现在有多艰难，处境有多卑微，一定不要丧失信心，要不断努力向上。青云有路志为梯，深信明天会更好，这是作为先生、丈夫的志气，也是一家人未来的指望。

老实说，能符合这三项标准的男孩子实在太少，是稀有动物，甚至根本找不到，但我的意思是：只要有心，能用这三项标准来自我要求、成长学习，期待未来能成就这三种特质，就是值得女孩子托付终身的对象。

其实这三项标准不只适合用在择偶上，在职场中，不论男女，也都可以用这三项标准来自我检视。

职场中，你很容易发现到处存在着"小鼻子、小眼睛"的人，只算计自己的利益，只算计眼前的利益。因为比隔壁的张三每个月少 500 元薪水，就愤愤不平；因为主管没注意到他杰出的表现，就认为组织不公平，主管是昏君。小算盘打得精，充满了街头小聪明，但缺乏大处着眼的决断，缺乏气势恢宏的策略思考，这种人成不了大器。

有的人谄媚老板，钻营苟且，只希望获得老板关爱的眼神；还有的人"为五斗米折腰"，完全没有原则，是非不分，事理不明，这种人在组织发生动荡之际，也是没有骨气的人。

当然你也很容易发觉，还有许多人只想领一份薪水，对未来没有想象，做起事来，但求无过，不求进取，认为反正天塌下来有高个儿的人顶着。组织中这种混日子、过一天算一天、没有志气的人，很常见。

员工要能以"大气、骨气、志气"为标准来建立自我要求、自我期待；而主管也要能以"大气、骨气、志气"的标准来选才、育才、用才、留才，这样组织才能欣欣向荣。当午夜梦回时，每一个人不妨扪心自问，自己是什么样的人？

后记

我讨厌小心眼的人，我不齿于与没立场、没原则、贪生怕死的人为伍，我看不起对自己没期待的人。

其实我不知道，把这三项标准用在择偶上对不对，但我确定我是这样进行自我要求的。而这三项标准中，最重要的是骨气，因为小气只会让人与之相处不愉快，没志气只会影响个人的进步，可是一个人若没了骨气，便是品德低下的小人，根本不值一提！

76

关键时刻放下屠刀

这个秘密在我心中藏了许多年，从此我知道自以为聪明绝对是一种灾难，我更知道，力不可使尽、势不可用绝，在精打细算之余，应给对手留些余地。如果让自己的贪婪恣意横行，一旦跨越了对手的红线，一切算计都会变成镜花水月……

一位同事曾经说过一句话，让我思前想后，琢磨再三，久久不能忘怀。

那时公司正在洽谈一桩生意，而我是谈判代表，目标是卖下一本创办很久的刊物。原有的创办人因年事已高，不想再做，询问我们公司是否愿意接手。这本刊物是我感兴趣的类型，而且与集团内的现有产品有互补效果，所以我使出浑身解数欲务必谈成此案。

对手是个单纯、善良的经营者，而且真心实意想卖掉这本刊物，因此谈判尚算顺利，最后只剩价钱未谈定。而我则是费尽心思，以期用最低的价钱，让公司得到最大的利益。

就在这个时候，一位同事开玩笑地对我说："你不要太欺负人家！"听了这话，我当场愣住了。为什么同事会这么说呢？难道我努力把价格谈低有错吗？

我不愿追问同事这样说的原因，我只能仔细地解析整个谈判过程，试图给自己一个答案。

首先，我确定，对手真的是个好人，他真的想把手上的杂志卖掉，也没有想借机捞一笔，所以对我们提出的几乎所有的条件，都没有意见，只求尽快结束这次谈判。

其次，我也确定，我比对手精明太多了，心思也复杂，我不断地测试他的成交底线，也不断地尝试各种方法、找各种理由压低价格，而且也一再得逞。

想过这两点之后，我开始觉得我的同事说得有道理，我确实在利用对方的单纯、善良，然后不择手段地"算计"对方。

我并没有错，因为我没有图谋己利，我是在为我的公司争取最大的利益，我所有的努力都是作为一个职业经理人应实施的合理而必要的行为，只是这种行为，在旁人眼中，可能"太过分"了，就连我的同事都会用开玩笑的口气，提醒我别太放肆、别步步紧逼。

我开始精算购买价格的合理性，我发觉其实我已经谈出了一个不错的价格，只不过我觉得还有降价的空间，才会锲而不舍地持续议价，我是真的"太过分"了。

确定我自己正在做"赶尽杀绝"的事后，我决定放手，就此与对方签约，达成了协议。没想到这位看似单纯、善良的对手，在知道我不再杀价之后，缓缓地告诉我："还好，你自动停手，我已下定决心，如果你再得寸进尺，我就不谈了，不论你出多少价钱，我都不卖给你了！"

看似单纯、温和的人，其实饱经世故、看透人情，只有愚昧的我还自以为聪明，觉得有机可乘。我差一点丢掉一个机会，更差一点把自己变成一个狡诈、丑陋的笨蛋。在千钧一发之际，我侥幸得到了一个双赢的结局。

这个秘密在我心中藏了许多年，从此我知道自以为聪明绝对是一种灾难，我更知道，力不可使尽、势不可用绝，在精打细算之余，应给对手留些余地。如果让自己的贪婪恣意横行，让自己的"聪明"无限上纲，一旦跨越了对手的红线，一切算计都会变成镜花水月……

后记

1. 有一位读者问我，商场上不是你死就是我亡，对敌人仁慈，可能就是对自己残忍，这种状况下该如何对对手宽厚？

商场常被比作战场，其实商场中很少出现那么血腥而残忍的状况。如果是生意的双方，你赚多他赚少，你全赚他不赚，你还要赚更多而他亏本，情形顶多就是这几种，对手可以选择退出，也可以选择找机会讨回来，这都是生意的常态，不要把生意想得太戏剧化了。

当然，也可能有少数面对面的"血腥战争"，如果真的出现生死一线的状况，这时肯定不能手软。杀了敌人，然后厚葬敌人的故事，也屡见不鲜。

2. 如果我们只是不断自我提升核心竞争力，不断提高市场占有率，而同行逐渐丢失市场，最后出局，形成这种状况，并不是我们"杀死"了同行，而是他们未跟上竞争的脚步，他们因自己的不进步而出局，与我们无关。

77

金钱与内心的平衡：
福虽未至，祸已远离

我在50岁以前，通常只算计眼前的利益，从没想过如何面对自己行为的丑陋与内心的狰狞。50岁以后，我比较能诚实地面对自我，我开始知道：骗得了别人，但自己绝对骗不了自己……

这则故事说明了我诚实面对自己的过错、寻求内心平衡的过程。

长假的最后一天，我在球场享受了一下午的阳光，在夕阳中开车回家，一切都十分轻松美好。或许就是太放松了，我差点错过高速公路的匝道，当我急着转弯并减速时，就听到车后传来紧急刹车的声音，随即一辆面包车从我的左方掠过，车身不断晃动，显然开车的人已经控制不住方向盘了，接着就看到面包车撞向路边的护栏，然后车身倒转，翻倒在护栏边。

我被这一幕吓住了，赶紧停下车来，立即打119（台湾地区急救热线）叫救护车，随即上前救人。我从车窗中拉出了一车的人，大多数是妇女和小孩，万幸的是，除了一个小孩的手部擦破皮，竟然没有任何人受伤。惊魂甫定，开车的女士开始责怪我为何紧急刹车，我除了不断道歉，什么也不能说，虽然两车没有擦撞，但确实是因为我的减速，使她遭受了惊吓，我有一些责任。

接下来交通警察就到了，经过了所有的勘查后，面包车被拖回交通大队，我也一起前往，等待警方的裁定结果。

　　警察在确定两车没有擦撞之后，告诉我没我的事，我没有任何责任。这个说法当然引起了对方的不满，而且对方不断强调，她的车是租来的，她赔不起修车费。

　　在听到我没有任何责任时，我没有感到一点喜悦，因为我确定是因为我减速才引起她的恐慌，虽然她的车速实在太快（警察的说法），以致翻车，但我觉得我应该负一些责任。

　　于是我承诺协助她修车，我说了一个我认为一定够的数额，但那位女士不满意，反倒是警察说话了：人家愿意道义上帮忙修车，已经很好了，怎么还要讨价还价？我没有怪那位女士不知足，我同意按她的意思再加些钱。第二天我就将钱汇给了她，结束了一场假日高速公路惊魂记。

　　这件事情，在之后的一个星期中一直萦绕在我脑海中，我十分感谢上苍，真是太厚爱我了。

　　第一，这本来可能是一场大车祸，说不定会赔上我自己的性命。

　　第二，就算我没事，但对方如果有人受伤、有人死亡，我不论是在法律上还是在心灵上都难辞其咎。金钱还是其次，重要的是心灵上的煎熬，可能会伴随我一生。

　　可是上天怜惜我，竟然没有让任何人受伤，这已经是不幸中的大幸。付一些钱，帮对方修好车子，这是为了让我自己心安。让自己为自己的疏忽付出些代价，给自己一些教训，绝对是应该的，我再一次感谢上天。

　　我再度回忆起年轻时妈妈的训导：做人做事，不能对不起任何人，如果自己有错，一定要坦白承认，否则就算你能逃过外界的惩罚，也逃不过你自己内心的自责，而且总有一天，上天会在别的事情上给你报应的。

　　我不是怕报应，我是怕逃不过自己午夜梦回的不安。因为这会跟随我一辈子，让我一辈子抬不起头来。

　　我又想起另外一句话：福虽未至，祸已远离。我何德何能，能期待上天赐福，如果能让灾祸远离，就已心满意足了！

后记

1. 这件事发生后的一段时间内，我内心感到无比的平和，我知道我的人生进入了另一个境界，我知道我不需要在众人面前伪装自己良善，我更努力地做到在四下无人之时仍可以"慎独"，不因为别人不知、外界不察，而逾越自己内心绝对的尺度。

2. 我真的感激上天的疼惜，因为这件事本可以有太多可能的悲惨下场，但它却以最平和的结果结束，这当然是上天对我的厚爱。我既已远离灾祸，在金钱上付出，也便算是赎了我的隐性罪过，这种付出理所当然。

3. 但我仍不确定我能否永远如此。如果需要付出的金额再多一些，我仍愿如此做吗？我更深刻体会到了坚守道德的困难，因为能否始终如一，全赖于我自己一念之间的决定，而我真能坚定不移吗？

78

当下与未来
之间的抉择：
25 岁看尽一生

"二鸟在林，不如一鸟在手"，这是熟悉的道理，但有没有放弃当下，选择成就未来的可能？

有的人 60 岁还在和命运之神搏斗，有的人 25 岁就能看尽一生，不同的人，选择不同的人生道路，无关对错，只在抉择。

有一次，我去了一趟河南郑州，那是逐鹿中原之地。在那里，听到了一位 28 岁年轻人的故事，他不愿 25 岁就看尽一生，做了人生潇洒走一回的选择，在剧变的世界中走出了不平凡的第一步。

一位在郑州经营房地产的台商告诉我，他看到有一些"吃大锅饭"的人，只求平安过一生，但也有一些人，他们的决心与勇气会令现在许多的年轻人汗颜。他讲了一个故事，主角是一位 28 岁的年轻人。

三年前，这位年轻人 25 岁，在某房地产相关单位工作，由于岗位是个"肥缺"，薪水加上相关的补贴，总计每个月有近 4000 元人民币的收入。因为工作上的机缘，他认识了告诉我这个故事的台商。当时这位台商在郑州做房地产开发时间不久，一切都还在起步阶段，但台商身上所拥有的丰富的房地产行业知识及先进的营销理念，让这位年轻人十分向往，他主动表达了想追随台商学习的心愿。

由于主客观环境相距甚远，台商没把年轻人的话当真，但没想到年轻人锲而不舍，再三表示愿意"下海"追求理想，这让台商十分意外。

　　台商表示，自己的公司只是家小公司，每月能付的薪水只有 800 元人民币，而且前景未明，如果运营不善，对员工没有保障。而年轻人现在的工作薪水高、权力大、外快多，为什么要放弃呢？

　　这位年轻人回答：“如果在原来的单位做下去，虽然今年我才 25 岁，可是我已经知道我一生的结果了，我会慢慢升到科长、主管，我也会分配到一套房子，然后就这样过一辈子，可是我不希望这样过一生，我决定要走不一样的路。”

　　接下来，这位 25 岁的年轻人说出了更发人深省的话：“我不知道你的公司会不会成功，但我看到你们做事很专业、很到位，这就值得我学习。”

　　从此，这位年轻人舍弃了近 4000 元的月薪，屈就 800 元的月薪，但他无怨无悔，成了台商最佳的副手，做所有最辛苦、最麻烦、没人做的事，但这位年轻人都甘之如饴。三年后的今天，他 28 岁，台商说：“这位年轻人已学会了大多数的工作技能，剩下的只是人生的历练还有待加强，当然他的薪水也早超越了原来的每月 4000 元。”

　　附带一提，年轻人原来的单位在一年前的体制改革中，变成可有可无的单位，大多数人都“下岗”了。

　　故事说到这里本来已经可以结束了，可是回到台北，打开报纸，我看到的全是有多少人在争抢一个稳定但发展空间不大的工作岗位的消息，或许这反映了台湾地区人们务实的态度，但人们以往天不怕、地不怕的拼搏精神为何不见了？

后记

1.处在稳定的社会，可以选择安定，因为变动很小，对未来的期待也不大。但是现在的世界，变动是唯一的不变，选择稳定的现在，可能连短暂的稳定都不可得。

2.年轻人一定要看未来，因为不可能年轻时就能拥有可观的既得利益，而未来长路遥遥、想象无限。当然，如果你已年过半百，或许思考的落脚点就不一样了。

3.选择未来其实并不盲目，重要的是心中要有明确的目标，而且目标要符合自己的兴趣、要远大、要有想象力，比较"当下"，你就很容易知道自己该不该放弃当下，选择未来。

79

7 年薪水涨 7 倍

　　这是我所听到的另一则励志故事，虽然我对"剧情"做了一些修饰，以免使当事人陷入困扰，但大致离事实不远。

　　这也是"自慢"理念的最佳批注，如果一个人拥有正确的"自慢"观念、行为、能力，这个社会永远不会遗忘他。

　　金融危机那一年，网络上流传着一则笑话：过年绝不能说的一句吉祥话就是"财源滚滚"，因为全世界都已经"裁员滚滚"了。

　　面对这个困境，所有人都在追问，如何避免被裁员？这个问题不可能有立即见效的答案，因为对长期的结果，不会有立竿见影的改善方案，如果你想现在不被裁员，只能烧香拜佛碰运气了。

　　不过虽然没有积极的答案，但我倒有一则激励人心的故事。有个年轻人，今年 37 岁，他 30 岁时进入这家公司，因为他是在小公司经营不善的情况下离职而转到大公司应聘的，薪水被要求下调，并需要重新培训，他欣然接受，因为公司里有一位业界知名人士，他想近身向他学习。结果 7 年之后，这个年轻人变成了这家公司的事业部主管，薪水上调了 7 倍，他每年为公司贡献的业绩是 4 亿元新台币，每年的盈利率是 20%。

　　"7 年薪水涨 7 倍"，这是多么顺口的吉祥数，也是多少人做梦都无法企及的事，他又是怎么做到的呢？

　　这位年轻人回顾了这 7 年的经历。第一年他在职位上没有太大的发展，只是默默在基层工作，态度上全力以赴，目标是让他工作的部门绩效能好一些。有一两次，他被指派完成特殊的任务，更是绞尽脑汁，设法把工作做到十全十美。他的工作成果及能力，很快受到大老板的赏识，一年之后，他就被晋升为一个小部门的主管。

变成小部门主管之后，他的工作能力就更容易被注意到了。他很快把这个小部门整顿好，正好彼时又有别的部门出现问题，公司又调他去打理另外一个部门。就这样，在三年之内，他历经了好几个有问题的部门，但他都一一让这些部门上了轨道。

接下来，公司把这些有问题的部门合并为一个大部门，全部归他负责，他变成了问题部门的总管。工作虽然辛苦，但他总算成为了公司的明日之星，当然他对此也甘之如饴。

又过了一年，他的成绩又让所有人大跌眼镜，公司再度破格提升他为公司最大的事业部的主管。这是他入职公司的第六年，他又用了两年的时间，让这个事业部过去的辉煌重现，他也成为了公司最年轻、最耀眼的明星，当然薪水也大幅上调。虽然"7年薪水涨7倍"，多少是因为他的薪水起点很低的缘故，但他的故事，无疑是我最近听说过的最激励人心的故事。

故事的关键是"7年薪水涨7倍"，但如果要问为什么、怎么才能做到，则有不同的说法。总结起来如下。

他成功的第一个原因是：每天工作至少12个小时，全力以赴。因为投入，他几乎把公司当成是自己的；因为投入，他做了很多事，因而也学到了很多，各种不同的能力他都能快速学到手。

他成功的第二个原因是：不挑剔、不拒绝。在刚起步的阶段，公司对他的能力是没有信心的，因此给他的工作都不是好差事，要不就是临危受命，要不就是收拾善后，但他都高高兴兴地接下了。问他为什么要接，他说："我喜欢新奇与挑战。"

他成功的第三个原因是：本身能力较强，再加上运气不错。不过与前两个原因比起来，这不是主要因素。

所以，奉劝诸位，不要再想"裁员"的事了，就算被裁员，你也应该想想7年后，你会做什么！

后记

　　1. 故事中的主角从来没想过"7年薪水涨7倍",从过程来看,他与所有的普通上班族没什么两样,起步时没有特别傲人之处,只是多了无怨、执着、热诚、好学与不挑工作的特质而已。

　　2. 朋友问我:"公司缺不缺人?"我的回答永远是:"缺,缺好手!"相信这是每个老板、每个公司都面临的共同困扰。办公室里人满为患,但真正可用、好用者却屈指可数。如果有人愿意一步一个脚印,一定会天道酬勤!

80

20 年后，我不快乐

人无远虑，必有近忧。人生通常是顺着眼前的路往前走，短期有目标，可是长期却缺乏方向，因此必须用更长的时间坐标，来校准我们的人生方向，不时要问：10 年后我会做什么？ 50 岁、60 岁时我会做什么？

34 岁那年，我在台湾地区最大的报业集团工作，主管经济新闻板块，每天台湾地区的企业经济新闻都要从我手上发出来。我是台湾地区经济新闻的关键人物，台湾地区的企业家都要和我拉关系，我每天忙着应酬吃饭，经常宿醉不醒。

有一天我一觉醒来，忽然觉得这样的日子太过糜烂，我问了自己一个问题：继续过这样的日子有意思吗，我还要继续过这样的日子吗？

这是个严肃的问题。要不要继续过这样的日子，涉及许多现实问题：所得待遇如何？我当时的薪水不算高，但还算不错。工作我喜欢吗？采访新闻、挖掘真相，这倒是我喜欢的。工作受尊重吗？当然，许多人都想巴结我。想到这里，我初步的答案是肯定的。这么好的工作为何不继续？只不过以前生活稍微颓废了些而已！

既然决定继续做，我就心安了些。可是我接着想起第二个问题：如果继续工作，那我这一生中最黄金的日子，就卖给报社了，我这一辈子就再也离不开这个行业了。如果继续做下去，20 年之后，当我 54 岁时，我会做什么岗位的工作呢？这倒是一个值得思考的问题。

我会是报社老板吗？我不知为何直觉上想起了当老板，或许这一直是我潜在的愿望。当然不可能，打工仔永远是打工仔。我接着想：我会是发行人、社长、总编辑吗？这些职位，如果我运气够好，做久了都有可能得到。

问题是当我想到这些职位时，我心中一点都不快乐。不是我不想担任这些职位，每个职位都是我期待的，可是这些职位都竞争激烈，每一个人都做不了多久。我看到，这些职位上的每一个人都曾高高兴兴上任，却凄凄惨惨下台，他们落寞下台的身影，让我印象深刻，这不是我想要的职业生涯。

我终于认清一个事实，新闻工作适合年轻人，不适合老人，老人在新闻界只能是老板手中的棋子，由他随兴摆弄，当我老的时候，愿意过这种日子吗？

当我看清楚这个真相之后，没多久我就辞职了。所有的同事、好友都十分吃惊，每个人都问我，为什么？发生了什么事？我不好说出心里话，只淡淡地回答：记者做烦了，想换个舞台。

当时，对于未来要做什么，我并没有想清楚，可是为何我要先辞职呢？因为我知道如果不立即斩断所有后路，等我想清楚了，就很可能离不开这个舒适圈了。我必须在意念初起时，立即付诸行动，让我自己无路可退，才能走出另一条人生路。

离开报社后，我暂时在一家杂志社栖身，思考未来能做什么。一年后，我就迎来了台湾地区天崩地裂的大时代：1987年开始了全面的改革与开放。在这剧变的一年，我下决心创办《商业周刊》，用一本新杂志来开启台湾地区的新时代，也开启我新的人生。

后记

1. 我当时思考是否辞职时，下意识的决定是要继续做，因为日子实在太舒适了，这就是只看短期的盲点。

2. 我不是不想做报社高管，高管有权、有名望，当然是好职位，可是无法自主做事，随时可能职位不保，这不是我能接受的结果。

3. 我远走创业，是选择走自己的路。

Chapter

自慢私房学

逆向操作，反向思考

6

这些私房体悟，
充满着我个人的感受，
其实我也不太明白它们是否具有学理基础，
但至少我的人生实践证明它们是正确的，
姑且称之为"自慢私房学"吧！

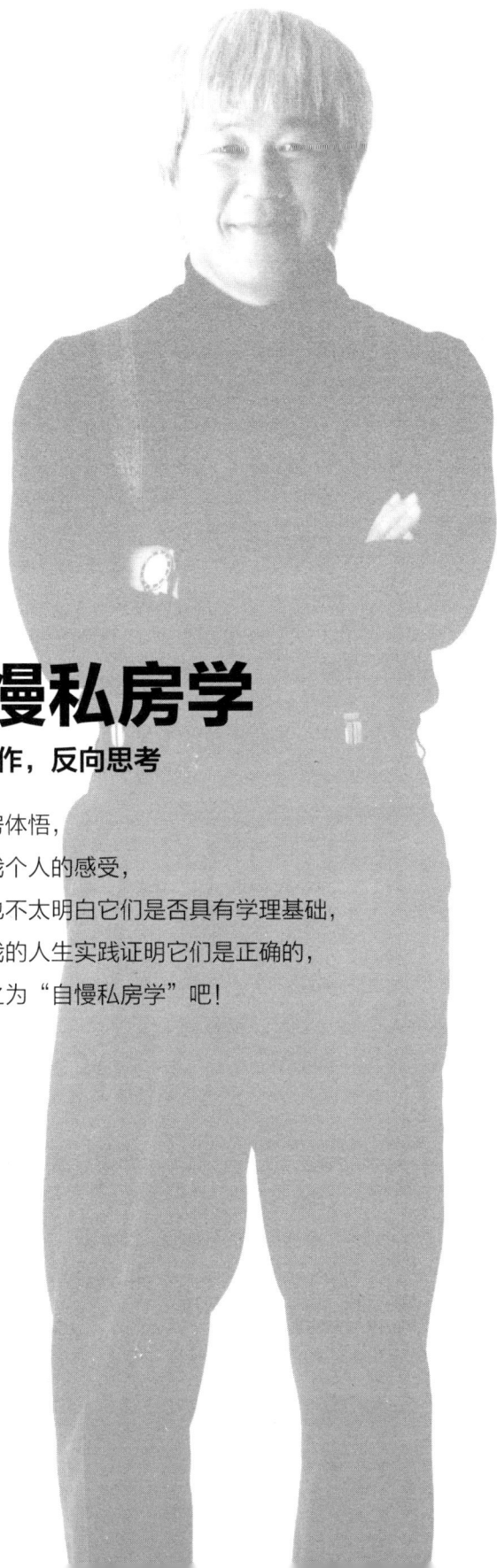

股票市场讲究"人弃我取，反向操作"，当擦鞋童、"菜篮族"都进场买股票时，就是高位反转向下的征兆，要赶快卖股票。反之，就应买股票，这是股票投资的真理。

　　我不做股票，可是我却具有做股票的天赋。我的看法、想法，经常与大众背道而驰。许多事，当大家都说不可时，我却独具慧眼，勉力而为。有些事则是大家都喜欢的，我却认为是悲剧。

　　"太好的事，不能当真"，就是这样。太好的生意，我不敢做；连续发生好事，我会害怕；太大的礼，我不能收；好日子过久了，就快变天了。当然，太坏的事，也代表着转变的可能。

　　获利极大化，是商场共识。但我会认为，"最后一块钱，手放开"，应留给别人一点余地。同样，面对大众的质疑、反对，要"Get it done & let them howl!"这是"虽千万人吾往矣！"在群众中，当每一个人都疯狂时，我告诉自己，要冷静，不能随波逐流！

　　在一生中，我曾经历的内心最大的转折，就是从一个不相信管理的人，幡然悔悟，变成一个相信管理的人。这是一场创意与管理的大论战，但没有其他人和我辩论，有的只是"文字工作者何飞鹏"和"经营者何飞鹏"之间的论战，也是"员工何飞鹏"和"创业者何飞鹏"之间的论战，当然，还是"创意者何飞鹏"与"执行者何飞鹏"之间的论战，这几场两种角色的内心大辩论，彻底改变了我。

　　论战的结果是，管理者没有赢，但让我学会了管理；创意者也没有输，但让我知道了什么时候创意至上该收敛。

　　论战之后的最大赢家是公司，因为我从一个不会经营公司、老是赔钱的人，变成了一个有效率的经营者，赚钱是再自然不过的事。

　　《当我不再相信创意之后》描述了我改变的整个过程。我需要对创意思维进行大破，才能启动对管理思维的大立，我被所有的文化创意人视为背叛者，但我用团队效率与经营成果的改变，让同行闭嘴。

　　《创意形成与创意执行》则是一篇厘清观念的文章，完成这篇文章之后，我内心的辩论也就结束了。事实上，外界对我背叛创意的质疑也从此烟消云散。

　　这些私房体悟，充满了我个人的感受，其实我也不太明白它们是否具有学理基础，但至少我的人生实践证明它们是正确的，姑且称之为"自慢私房学"吧！

81

太好的事，不能当真

"乐极生悲"是人人皆知的成语，"利空出尽"是股市交易的行话，意思都差不多，代表着太多好事之后，一定有坏事出现，狂喜之后，必有大悲，面对好事，一定要小心。

一个朋友聊到一个投资案，是关于工业用气体的生意。在同一个镇上有几家工厂，有一家工厂会产生大量的废气，另外几家工厂则需要使用氢气，现在都是用桶装，从外地买来。这项投资计划是回收废气，纯化成氢气，再铺设管线，直接卖给其他几家工厂，由于距离短，可以省却长途运输费，非常有效率，因此，这项氢气投资计划回收资金非常快，总投资2000万元人民币，大概8个月就可以回本，而且下游用户所需支付的价格较其现在的购买价打了6折，这真是一项双赢的计划。

对于这项计划，我们共同的结论是，"Too good to be true"（太好，以至于不会是真的），因此他迟迟不敢下手。

另一个故事，则发生在另一位朋友身上。一家装潢良好、位于台北闹市区的餐厅，要以非常便宜的价格出让，价格好到买下来立即转手都有钱可赚，几乎是闭着眼睛赚钱的好生意。这位朋友迫不及待地买了下来，结果这根本是黑道设下的陷阱，他从此脱不了身。我们不解，平常聪明的朋友，为什么会做笨事？他说："看到好生意，鬼迷心窍！"

每一个人都在期待好运，期待好事发生在自己身上，期待上天掉下来礼物，让我们有意外的惊喜、意外的收获。但真有这样的事吗？我的经验是没有，就算有，我也不敢想、不敢承受。因为如果真有这么好的事，我不可能是第一个看到、发现的人，那么在我之前发现的人，难道他们是笨蛋吗？为什么没有捷足先登？不！一定是其中有什么风险，我没有看到、没有察觉，别人不敢做，机会才留给了我。我没有三头六臂，这种太好的事，我最好也不要碰！

"太好的事，不能当真"是我一向的逻辑，尤其是意外出现的与我本业工作无关的好事，绝对不会是真正的好事，绝对不能当真。

如果你在某一个工作领域或行业中待得够久，你会遇到困境，当然也会遇到好事，你会意外得到一个好生意，这是可以理解的，这是你守候很久、够有耐性的回报。但通常这种事不会是"Too good to be true"，也是你能力范围内能解读的。

但与你本业无关的太好的事，绝对不能当真，否则一定会深陷泥淖。这绝非悲观，一般人不会忽然去做一件与本业不相干的事，而会去做的原因通常是贪心，因为觉得钱太好赚，太容易抢到钱，以至于鬼迷心窍，一头栽入，结果被隐藏的风险困住，不得翻身。

太好的事不只在生意上不能当真，在工作上，我对此也保持着警觉与悲观。每当出现一件好事，我会敏感地认为接着可能要有坏事发生，因此会更小心。如果是天大的好事，我更会告诫自己，这可能是"利空出尽"。祸兮福所倚，福兮祸所伏，老天爷是公平的。好事是糖衣，好事是迷幻药，通常在顺境中，我们都会种下祸根，至于太好的事，绝对不能想、不能看，因为极可能是陷阱！

后记

曾经有个老板想要买一家公司，但仔细分析后发现，这个生意实在太好了，好到觉得其中必有陷阱，因而决定放弃，事后证明那根本是个骗局。

所有的诈骗团伙、所有的骗术，利用的都是人的贪心。因为贪心，所以上当，所有的人都难免鬼迷心窍。在这方面，我是个悲观主义者，不相信好事，或者认为根本不可能有凭空降临的好事，因而才能免于上当。

我只相信千辛万苦之后所得到的东西才是真的。只有辛苦钱，没有快钱，也没有容易钱，这样想反而最安全。

82

朋友从今天开始交往

大多数人畏畏缩缩，害怕陌生人，觉得不认识的人很难沟通，很难讲得上话，这就是为什么"陌生拜访"是销售行为中最困难的一项。事实上，只要自己胸襟开阔，不畏惧陌生人，陌生人就不会拒你于千里之外。就把陌生人当成今天开始认识的朋友吧！

一位主管来拜托我，希望我替他打一个电话给一位业界大佬，询问一位离职员工的状况，这位离职员工曾是这位业界大佬的助理。我问这位主管，你为什么不自己打呢？你应该也认识他。主管回答："对方是大佬，而且我和他不熟，不好意思麻烦人家！"

类似的情境是，一位营销主管希望我帮他介绍一位企业界的朋友，他有一个联合营销案，要和这位朋友的公司合作。这位营销主管一再强调，这是一个非常有创意的案子，对双方的公司都很有利。

我问这位主管，如果是这么好的案子，你应该可以说服对方，为什么需要我帮你介绍？他的回答也是不认识对方，不好意思！

这两个案例，我都拒绝帮他们介绍，他们只好自己打电话，但结果一样，他们都顺利地完成了任务，并且扩展了自己的人脉！

根据我的经验，大多数的年轻人脸皮薄，怕麻烦别人，就算有事需要别人帮忙，也不敢开口，通常都需要通过别人辗转介绍，绕了一大圈远路，最后才搭上线。旷日废时不说，更是欠了很多人情。

年轻时的我也是如此，不认识对方，便害羞不敢开口。直到有一次，我实在找不到任何中间人帮忙，只好硬着头皮拜访，没想到对方一口答应，而且丢给了我一句一辈子受用的话：年轻人，别担心，有话直说。"朋友从今天开始交往"，今天你要我帮忙，改天我也会找你帮忙！

这位开朗的朋友，改变了我畏畏缩缩交朋友的态度。从此以后，对认识的朋友，我经常直率开口，请他们帮忙。因为互相帮忙、互相麻烦，交往才会越来越深。对于不认识的人，如果有必要，我更勇于开口，只要不是太严重的事，我都会直接接触、直接寻求协助，而且成功率甚高，当然也因此认识了更多人，交了更多朋友。

我逼迫那两位主管自己面对不认识的人，是因为我明确知道他们绝对可以自己完成任务，他们所欠缺的只是信心，只是开放的胸襟，只是开朗的态度，而这些素质需要训练、需要培养。

培养"朋友从今天开始交往"的开放态度，首先要培养的就是愿意帮助别人的宽阔胸襟。你愿意随时随地帮助任何一个需要帮助的陌生人，代表着你随时随地都散发着"与人为善"、愿意交朋友的魅力，因此你不会介意认不认识，只要有机会你都愿意帮忙。如果有需要，你不会害怕向陌生人请求帮助，因为你也曾经帮助过很多不认识的人。

这并不是利益交换，帮了别人不能指望回报，但却能让你有信心面对所有人，主动寻求协助，因为你随时随地准备交新朋友，随时随地愿意助人，也愿意接受帮助。

后记

朋友不只是可以"从今天开始交往"，更多的状况是不打不相识，在冲突对抗中相遇，经过化解矛盾而认识，继而成为朋友。先有冲突的朋友，反而容易交往更深，因为在"敌对"中，反而可以更深刻地认识彼此的个性，一旦矛盾化解，只要性格相合，更易交往。

83

最后一块钱，手放开

清楚明白是优点，但如果计算到每一分一毫，就会变成处处计较的小人；努力让获利最大化是好的生意人的素质，但如果希冀赚到每一分一毫，那就是赶尽杀绝，让对手无路可走，对方便只有狗急跳墙了。在关键时候，有时需要有"放人一马"的豁达，也需要避免"水至清则无鱼"的决绝。

做生意，赚到能赚的每一分钱，省下该省的每一分钱，理论上，这是一个好的生意人所应具备的素质。

可是我也听过另一种说法，有人评价一位商场上极精明但形象不是很正面的商人道："他是一个若能赚100元，如果只赚到99元，回家还要自责、懊恼不已，连一块钱也不放过的人！"言下之意，有不屑，有鄙视，似乎这是个不近人情、冷酷无情、极难相处的人。

俗话说："买卖算分，相请不论。"（闽南语发音）指的是只要做生意，就要锱铢必较，计算到每一分钱，但请客的话，再多的钱都不计较。

很明显，好的生意人要精打细算，计较每一块钱，似乎是明确的共识。但是如果真的连一块钱也不放过的话，似乎也并不是大家所认同的大生意人与好的生意人。其间的差异何在呢？ 在公司里，我要求每一个事业部门的主管精打细算，省下每一块钱，杜绝不应有的浪费，长此以往，养成了每一位主管计较每一块钱的习惯。有一次，我发觉集团总部的共同费用分摊，竟然连几百块钱的费用，都要去议定分摊比例，按比例分摊到每一个部门。这令我啼笑皆非，没想到主管们会计较到这种程度！

经过这次的经验后，我对好的生意人、好的经营者的定义有了新的批注：精打细算每一块钱，企图赚到每一块钱，是应该的，但对小数、尾数，或者最后一块钱，应故意视而不见，以免因赶尽杀绝，伤了感情、和气，也让自己变成一个气量狭小的人。

我的习惯是在心里仔细打好算盘，精准测算所有的生意，让获利最大化，明确了解如果我"赶尽杀绝"的话，能得到多少。然后，自己再做一个决定：需要给对方留多少余地、留多大的尾数。通常能赚100块的话，我会在赚到99块时，手放开，给对手留余地，为未来的合作留空间，避免给人留下吃干抹净的恶劣印象。

有时候，有人会觉得我有点呆，明明还有一块钱可以赚，我却似乎故意漏掉，但长此以往，我知道我因此得到了更多的认同、更好的人缘。大家知道了，我是一个不会赶尽杀绝的人，我是一个会在关键时候给人留余地的人。正因如此，与许多对手的第二笔生意顺利成交。这也应了我经常自我勉励的话：做成第一笔生意不叫成功，做成第二笔生意才是真正的成功。而"最后一块钱，手放开"，则是第二笔生意成功的要件。

我告诉自己，精打细算是必要的，打大算盘，理所当然，但是千万别打小算盘。小算盘打多了，不但自己气量狭小、形象丑陋，而且会让所有人在面对你的时候，全力以赴地打起精神对付你，因为他们认为你是超级聪明的人，一不小心，就会上你的当。当所有的人都聚精会神、精打细算时，你绝对讨不到好处，处境只会更加困难。

后记

有一位读者说：我不是不赚最后一块钱，是根本赚不到钱。我知道大多数人缺乏的是积极赚钱的精打细算，只能采取减少花钱的保守型精打细算。不过不管哪一种精打细算，也都有打大算盘与小算盘的差别。大算盘从大处着眼，计大利、避大害；小算盘则计较蝇头小利，有时只会伤和气，显得自己的气量狭小！

84

Get it done &
let them howl!

不做大事，枉活一生，一做大事，却会面对众说纷纭的复杂情境。这时候需要的是冷静、自信与毅力，只有把事情做出来，完成它，才会让大家闭嘴。

本文标题是英国知名学者本杰明·乔伊特（Benjamin Jowett）的名言，流传千古，是每一个从事改革、力求突破与创新的人，在面对一般凡夫俗子的冷嘲热讽时，必须要有的认知与态度。

每一个人都生活于外在的评价中，相关的人当然有权评价你的好坏。你的同事、下属、上司、董事会、股东……他们都是利害关系人，你的所作所为，都要受到评论。就算是不相关的人，也可以用感觉来评价你：那个人不错、那个人看起来讨人厌……每一个人都活在"评价"的旋涡中。

面对评价，每一个人做得最多的就是解释。年轻的时候，一到会议桌上，只要谈到我、谈到我所做的事，无论别人给的是建议还是批评，无论别人说话的立场是善意还是恶意，无论说话人的分量如何，无论别人说的话会不会影响对我的评价……我都会努力地解释、努力地说，就怕别人看不起我、说我笨。我像个刺猬，得罪人而不自知，有时更是让亲者痛，仇者快！

我所带的年轻朋友面对我时，也一样努力地解释。我心情好的时候，就笑着告诉他们：别急！我只是说说我的意见，并不是反对你们的看法，不必一再向我解释。当然，如果我心情不好，就有人要倒大霉了。

事实上，世界上大多数的事，并没有标准答案。在过程中，每一个人都是在自我判断中寻找答案，也没有人敢说自己的答案一定对。如果所有的事都要形成共识，相信世界上大多数的事都要"停摆"。问题是人怕被评价，却又爱评价别人，因此，所有的事、所有的人都被各种批评、意见、看法……扭曲得不成人形，"解释"则成为每一个人最无力、最可笑的自卫行为。

19 世纪英国知名学者本杰明·乔伊特在面对外界的批评时，说了一句流传至今的名言："Never retreat,never explain,get it done and let them howl."意思就是"不撤退，不解释，把事情做对、做好，外界笑骂由他！"

这句话现在被广泛使用在各个地方，不外乎用于鼓励自己勇往直前。虽然也不乏某些政客引用这句话来践行其独裁冒险行为，但一般而言，在情况复杂、处境艰难时，这句话确实伴随很多人渡过了各种难关，包括我自己。

我喜欢冒险，我喜欢创新事业，我也喜欢面对复杂而麻烦的情境，我对安逸的日子没兴趣。而在复杂麻烦的情境下往往最容易七嘴八舌、莫衷一是，而且老实说，可能包括我自己在内，都不见得明确知道该怎么做。这时候，我唯一该做的事是打起精神、全力以赴面对，对所有外界的意见，我要仔细倾听、冷静分析，但绝对不会去"解释"。如果我解释，就是我固执；如果不解释，我才能冷静思考、广纳百川，寻找最佳答案。

当我做了决定后，所有外在的声音，都会沦为背景音乐，就好像战场上的交响曲，而我的眼前只有目标、只有猎物，一直要到 Get it done，我才会再听到外界笑骂的声音，但这也都是"得志笑闲人，失脚闲人笑"的人间肥皂剧剧情吧！

后记

　　一位读者问我，当所有的人都反对你时，你怎么敢勇往直前？

　　这是一个好问题，其中的关键在于冷静与倾听。冷静是要驱赶热情所形成的冲动，倾听是要判断别人意见的思路，当你能冷静地去除自己的成见时，别人的意见是否正确，就会清楚明了了，如果别人的意见有价值，那就接受，修正后再勇往直前。

　　至于解释，是最无聊、无谓的行为，因为在众说纷纭时，沟通完全无助于化解矛盾，只会引起争辩，让自己陷在情绪中，这是最危险的。

85

照计划赚钱
与照计划赔钱

　　如果用金钱来衡量所有工作的价值，那么赔钱的事，我们都不会做，人生也会因此少了许多可能。

　　这时候我们需要金钱以外的价值观，如果过程让我满足，就算赔钱，那也是我享受过程的费用，也许我们得到的是金钱不能衡量的东西，这样我们的人生中就会出现"照计划赔钱"的可能。

　　作为文化传媒工作者，相较一般的企业经营者，多了一项社会责任与文化理想的困扰，许多事在正常的盈亏计算之外，常常会有文化理想与社会责任的思考。我们经常徘徊在生意与意义之间，迷失了自己。

　　我们思考某一本书是否该出版时，首要考虑的因素当然是有没有生意做？能卖多少本？销售成本率是多少？毛利率是多少？卖多少本能盈亏平衡？这些都只需很简单的计算，一张财务电子表格会解决所有的问题，有时候连思考与判断都用不上，因为数字会告诉你一切。

　　我们的困境不在这里。许多时候，我们的社会责任感与文化理想会油然而生，许多书，因为我喜欢，因为我觉得有意义，因为我觉得社会上需要这本书，更因为我认为这本书对社会的改变、进步有价值，因此，我认为自己对这本书的出版有责任，作为一个文化人，我应该出版这本书。

　　这个时候，财务电子表格就不够用了，可能表上告诉我这本书没钱赚，甚至会赔钱，但是我的文化理想、社会责任，让我无法拒绝，让我对着财务电子表格无所适从。

有很长的时间，我采取"混合思考"方式：虽然没钱赚，但是有意义，就当为了理想，还是出了吧！许多书就在这种情境下出版了。问题是这种状况让我心情复杂，一边想的是生意，一边想的是意义。想生意，让我不敢放手一搏，于是克扣成本，牺牲质量，为的是要有更好的毛利率；想理想，又让我去做一件生意上没把握的事，结果通常是以悲剧收场，钱没赚到，社会上对这本书的好评也不多。

我慢慢想通了其中的道理。当一件事有两个目标时，价值的冲突、逻辑的混淆，会让你无所适从，尤其是针对"没赚钱，就为了理想"和"为了理想，顺便还可能赚点钱"这两种思路，我其实并没有真正想通它们之间的关系，因而在浪漫中做了许多错事！

直到有一天，我决定把这两件事分开，独立进行思考。要么谈生意，只问能不能赚钱；要么谈理想，只问对社会有没有意义。

谈生意时，只有财务电子表格显示能赚到足够的钱，我才决定做，一旦决定做，就把"资本主义魔鬼"的精神拿出来，斤斤计较成本、费用和每个环节，追求获利最大化，这是"照计划赚钱"的生意模式。

而谈理想时，我先想的是这本书对社会的价值及意义，更要精准地判断其价值高低、意义多寡，然后再拿出财务电子表格，仔细算一下要花多少钱，会卖多少本，结果可能会赔多少钱，赔这些钱出版这本书值不值得、会不会影响公司的运营。如果赔得起又值得，那我就采用"照计划赔钱"的模式，把书做到极致，让书的社会意义最大化，这是另一种形式的"花钱买义"的过程。

当我把生意与理想分开，独立进行思考之后，一切就都豁然开朗了，判断的失误变少了，要么有生意，要么有意义，两者都可以按计划完成。

"照计划赚钱"与"照计划赔钱"，是非常重要的生意逻辑。尤其在思考新事业时，我们常常为了少赔一点钱而牺牲某些环节，没做到该做的事，导致新事业半途而废。"照计划赔钱"是开创新事业的关键思考方式，只要是在计划中，一切都要做到位，这样才会有好结果。新事业的培育是成败问题，而不是成本高低问题，唯有对赔钱有准备，不担心赔钱，新事业才有成功的可能。

后记

这个概念，说穿了不值一文，所有实行预算制的公司，计划都是有赚有赔，也都是"照计划赔钱"！

差异在于预算制下的计划，就算赔钱，也通常是在培育期，整个计划终究会赚钱，只不过会经历一段时间的赔钱而已，这种赔钱，你不会害怕、不会紧张。

而这里所谓的"照计划赔钱"，很可能赔钱的目的不是未来赚钱，而是有其他考虑，也许是"花钱买义"，也许是探索试验！

86

愤怒的代价

历史上吴三桂的"冲冠一怒为红颜",一方面是卫道学者口中的反面教材,一方面也是浪漫男人潇洒作为的典范。不可否认,愤怒是每个人都要面对的情绪上的重要议题,如何控制、如何管理愤怒,将影响每一个人的一生!

我年轻的时候,有一次要承办一个大型活动,需要一家建设公司参与赞助,整个沟通的过程,痛苦不堪。这家知名建设公司,从一开始就非常不认同这项活动,也表明不愿参与。但如果这家标志性的公司不参与,整个活动就注定要失败。我在无路可走的情况下,采取了决不放弃的死缠烂打策略,一直纠缠到底。

最后一次,我直接找到这家公司的总经理,使尽浑身解数强力说服,没想到这位总经理被我惹毛了,以很不礼貌的态度要赶我走。我找到机会,把他的不礼貌扩大为对我公司的不尊重,最终我们之间的交流以吵架收场。

事后,这家公司为了息事宁人,不但捐钱参与了活动,而且付出了更高的代价摆平这件事。而那位总经理,不久也从公司离职了。对这件事,我始终感到遗憾,我感觉自己似乎设了一个陷阱,激怒了这位总经理,挑起了事端,才达到了我的目的。严格说来,这位总经理是被我激怒的受害者。对他,我有着难忘的歉疚。

从中我学到一个教训，就是愤怒是要付出代价的。无论如何要控制自己的情绪，不能做出任何非理性的行为。

可是知易行难，这一生中，我还是常常在情绪波动中付出极高的代价。

有一次谈判，在不耐烦中，我不自觉地轻拍了桌子。这个小小的举动，一样被对手当成把柄，被解读成失礼、看不起对手的行为，结果我不但要道歉了事，在日后的谈判中，我也付出了补偿代价。

在公司内部会议中，有时我也会被激怒，说出越界的狠话，当然，为这些"狠话"，最后我也付出了代价。

我不禁自我检讨，年轻时我就得到过教训了，为何年长了反而会经常为愤怒付出代价呢？

结论是公司的成长、工作的顺境，让我心高气傲，忘了自己是谁，致使我在许多情境下，做出了不合理、不正确的举动，我不是被对手打败的，而是被自己打败了。

从此，小心翼翼地面对每一件事，变成了我的工作习惯，尤其是在处于顺境时，我更会小心谨慎。我一直告诫自己，不可以愤怒，也不能生气，就算情绪激动，也是危险的。

问题是，我永远做不到不愤怒、不生气、不激动。因为永远有许多不如人意的事，会让我愤怒、生气、激动。在不得已的情况下，我只好再退而求其次，为自己定下了情绪激动的"三不原则"，以免招来不必要的后遗症。

暂停不继续是第一个"不"。无论是开会还是谈判，找理由暂停，稳定情绪，是避免陷入窘境的预防措施。不回应、不说话，是第二个"不"。祸从口出是最常见的不理性行为，只要不说话，大概不至于陷入危机。最后一个"不"最重要，那就是不做任何决定。情绪激动下所做的决定，90% 是错的，一切等情绪平复之后再说！

激怒对方，是高手过招常用的手法，而你第一步要做到的就是避免愤怒，以及了解愤怒的代价有多高！

后记

　　年轻的时候，愤怒是脱缰的野马，常变成我的困扰。但年长之后，经过严格的自我控制，愤怒变成了我的重要工具。在关键时候，愤怒变成了我表现立场坚定、决不妥协的手段。愤怒有时会是一场激烈的情绪展现，让所有人都充分地了解到我已达临界点，也让他们知道收敛。当然，最后还是要回到理性，回到我想要的结果上去。

　　这其中的关键是，无论怎么"愤怒"，都不能失控，一定要在自己安排的"剧本"中行事，否则还是要付出代价的。

87

当外界疯狂时，
你尤其要冷静！

有一句男人中的名言：老婆叫我不要去人多的地方。这是男人拒绝同伙邀约的说辞，含义深远。因为人多的地方，人声鼎沸、意见繁杂，常会使人丧失冷静，随波逐流，陷入不可测的风险之中。远离人群，不随波逐流，需要严格的自我训练。

一个周日的下午，老婆提议到郊外走走。我们开车随意而行，在郊区看到一个巨大的广告牌，有个超级房地产项目正在售卖。我们不经意地下车看看，没想到真是个不错的项目，规划良好，有温泉，有全方位智能家居设施。看房子的人非常踊跃，人声鼎沸，再加上售楼小姐能言善道、招待亲切，我们越看越喜欢，结果我们不只买了一套，而是买了两套。一趟郊游，变成了购屋之旅。

回来后，冷静下来我发现，项目虽然不错，但其实根本用不着，我不可能离开市区，搬到郊外，退休之后或许还有可能，问题是我何时才会退休呢？这一切只不过是个浪漫的冲动罢了！

我是一个浪漫而随性的人，因为浪漫、因为冲动，付出了不小的代价，因此，我曾经告诫我自己："当外界疯狂时，你尤其要冷静！"这是我面对复杂的情境，觉得无法自拔时，必须要遵守的规则。

相信每一个人都有类似的经历。先是立下决心，除非想清楚，否则不买股票，但一到交易场所里，人声沸腾，就跟着下单买了；本来不想喝酒的，但大家一起哄，结果大醉而归。从众是人之常情，我们经常会跟着大家的情绪走，跟着大多数人的感觉走，而忘了自身的处境，忘了自己应有的理性选择，为了一时的痛快付出代价，为了一时的随性改变决定，只是不愿扫大家的兴，只是不好意思拒绝，只是……

在人群中，要保持冷静是困难的；在情绪高涨时，要保持冷静则更加困难；当别人掌控全局时，你要保持冷静，拒绝对你不利的提议则更是难上加难。这就是我们常会因为冲动而付出代价，因为一时率性而后悔的原因。

虽然我告诫自己，不随别人的音乐起舞，当情绪高涨时，更需要冷静，但这还是不容易做到，我还是会买一套自己完全不需要的房子，还是会做一些事后看起来很荒谬的决定。

看来仅告诫自己要冷静是不够的，还需要有更有效的方法，才能避免出现错误。

"决不同意，决不做决定"，除非这是一件已经想了很久、进行过完全彻底分析的事。冲动，通常是犯错的根源，只要你当下不做决定，当下"无权"做决定，就有缓冲的余地。"无权"只是一个说辞，只是要让对方知道你不能做决定，逼你也没用。其实只要错过了情绪高涨的当下，经过冷静思考之后，你就不会犯错了。

如果你做不到严词拒绝，那么至少要做到"今天不决定，下次再说"，"下次"的意思，也就是要让你自己的情绪冷却！

"抵死不从"是基本原则，反正就是不要、不可以、不同意！只要你不点头，所有的错误都不至于立即发生，就还有回转的余地。

不过，如果连"抵死不从"都不能帮助你渡过难关的话，那就只剩下一种方法了，就是"逃离现场"。三十六计，走为上计，人多是非多，逃离人多的地方，逃离你自己不能掌控的情境，绝对是避免冲动、避免犯错的最后防线！

后记

从拒绝到"抵死不从"，再到逃离，这是拒绝外界诱惑的"三部曲"，但有时候，其顺序要反过来，将逃离变成第一步。

许多情境下，你知道外界的诱惑极大，你知道人在现场就会陷入不可测的风险之中，而自己的自主性就会变低。当出现这种状况时，第一步就应选择逃离，日后再善后。

88

菩萨的礼貌

成功的光环，有时会让人迷失，从而高估了自己的贡献与能力，低估了组织的力量与能耐，也错估了外在的形势。尤其是能力强的员工，经常会与组织陷入对抗，导致组织与个人两败俱伤。要想避免悲剧的发生，对自己的能力保守估计，对组织谦卑是很必要的。

我进入媒体行业的第一份工作是记者。那时我刚毕业不久，就有幸入职了发行量极大的《中国时报》，采访的又是经济新闻，台湾地区的知名企业及老板对我这个不懂事的年轻人待若上宾。不知不觉中，我开始自以为是，觉得自己很"杰出"、很"伟大"，因为所有的人见了我都尊敬有加。

直到有一天，我发觉一位采访对象对我很认同的一位同行非常不礼貌，我十分诧异。这位同行能力比我强，却得不到采访对象的尊重，经过仔细思考后，我终于弄清楚了是怎么回事。因为我代表的是大报社，他们尊重的不是我，而是我背后的大报社；他们看轻的也不是那位同行，而是那家发行量小的报社。

这个体会我牢记在心，我知道了，我和组织是两回事，千万不要混为一谈。而这个故事背后，也隐藏了一个管理学上"到底是庙大，还是菩萨大"的有趣话题。

对于高级经理人而言，如果其能力超强，能让所任职的组织快速成长、风生水起,以一人之力带动组织变革,扭转公司的命运,那么这个人绝对是尊大菩萨,而他所属的组织,也就是庙,因为有大菩萨而灵验、而香火旺盛,这是典型的"庙小菩萨大"!

但是这种情境极为少见,就算有,也只会短暂存在。因为能以一人之力扭转乾坤的案例不多,而就算真有其事,组织的力量会累积,日子久了组织的力量还是会大于个人。大菩萨所做的努力、所获得的成果,全部会汇聚成组织的力量,这座庙会更加宏伟壮丽。经过岁月的洗礼,菩萨再大,大不过庙;庙再小,经过许多菩萨投入努力之后,也会越来越大。

因此"庙大,还是菩萨大"的管理话题,似乎有了结论:菩萨再灵,灵在一时;菩萨再大,也要有庙依附。无庙不成菩萨,所以庙与菩萨是共生共荣的关系。

由于有了上述的经验,我很清楚,就算我能力再强,就算我自诩为大菩萨,但若没有庙作为依托,我也无法修成正果。因此菩萨应有分寸、有礼貌,应该知道谦卑、知道进退,谨慎小心地维持菩萨与庙之间的关系,绝对不要高估了自己,低估了组织,这就是菩萨应有的礼貌!

这个礼貌的终极境界,是视每一座自己曾经停驻过的庙为自己的家,把庙和自己画上等号,不只是"凡走过必留下痕迹",更要留下认同。我是"大庙中的小菩萨",而且是永远的小菩萨。不管我现在在哪里,我曾经停驻过的组织,都是我的组织、我的庙!

也许有人会认为这是一厢情愿的礼貌,但礼貌不是人应该具备的基本道德吗?

后记

有人问我,如果公司做事实在太不合理,个人太有礼貌,不会显得太软弱吗?

我承认,当然有许多公司确实不上道,员工适度表达自己的不满是必要的,但不论沟通过程如何激烈,都应保持的底线是,绝对不要玉石俱焚,造成与公司同归于尽的结局,因为这损人又损己。

我认为,公司是现实的,因为现实,所以在可理解的范围内绝对会妥协,只要好好沟通,个人应该不难达成自己的期待!

89

当我不再相信
创意之后

从一个浪漫的文字工作者的角度出发，我长期在创意与管理之间纠缠不清，我不敢要求、不敢管理，生怕冒犯了神圣的创意形成。但所有的工作不能如期完成、不能高质量完成、不能精准地完成，又使我面临绩效不佳、无以为继的困扰。直到……

那实在是一件很奇妙的事，当我不再相信创意之后，一切都改变了。我所经营的出版公司，一改过去辛苦经营的样貌，每年稳定地经营、稳定地获利、稳定地成长，过去一切遥不可及的事，都变成了理所当然。

出版与媒体行业，是文化产业、是思想事业、是有理想的行业，当然也是要求创意的产业。要想让创意飞翔，让文化人的浪漫、理想滋润文化产品的内涵，对文化工作者就要尊重，不可管理，否则会干扰创意形成，阻碍创意产业的经营与发展。这种观念曾深植我心，再加上我自己也是"文字工人"出身，讨厌有形的管理与要求，因此打造一个尊重创意工作者、让创意能滋长蔓延的工作环境，变成了组织内的"最高纲领"。

因为创意可遇而不可求，因此创意工作不可限期完成，如果要限期完成，就是执行的管理者在谋杀创意。包括我自己在内，交稿时间一拖再拖，截稿日期仅供参考，而所有的工作，最后都是在不得已的出刊压力下，不眠不休、勉强赶工完成。或许我可以这样说，大多数的媒体、出版、文化、创意产业，都是在类似的恶性循环中"自虐式"地经营着。

首先激发我改变观念的，是我发觉更长的时间未必能得到创意，延迟也未必能提高工作质量，而且我发觉创意的质量和人有关，但与时间几乎无关。你找对了人，创意、质量都会有，而且可以规划、可以预期，也可以管理；如果你找错了人，创意与质量都不可期待，给再长的时间，有再浪漫的环境也没用。

有了这样的经验，我开始在组织内要求准时、守时，任何事绝不拖延，所有的人为意外都可以被管理，不可以要求延迟。公司内最经典的对话是："如果再多给我三天，我会做得更好！""不要用质量做借口，多给三天你也未必能写出更好的稿子，质量不能把握，还是先把握时间！"

经过准时、守时的要求后，工作流程变顺畅了，所有的工作变得可以规划、可以预期、可以管理，下游的第三方配合也变得更容易。奇妙的事跟着就发生了。公司内出现的错误更少，直接成本降低，而产品质量提高了、业绩增长了、整体获利提升了。其实道理非常简单，所有的工作流程和创意无关，都可以被管理，而且严格管理所有流程，产品的优良率会提升，错误会减少，业绩当然会变好。文化创意产业在产品生产流程管理上和其他产业没有区别，如准时、精准、工作标准化、严格检查、关注品控等，都是文化创意产业适用的方法。

最后我得到清晰的答案，"创意"是很重要，但那是每一个人内心与脑中的事。创意不能管理，只能激发，但对于工作而言，工作流程是实务、是现实的步骤，和创意一点关联都没有。于是乎，在工作流程管理上，我不再相信创意，更不要创意，我只要精准的执行、系统化的质量要求。

经过工作流程上的"去创意化"过程，我的团队能力大增，员工内心的创意因工作流程的顺畅，变得更有时间与空间去进行发挥，而工作流程上的精准效率，形成了竞争中的另一种优势。思想需要创意，而工作、流程则要去除创意，我终于能在文化创意产业中找到管理的真正意义了，但那是在我不再相信创意、远离浪漫之后。

后记

　　这一篇文章，在整个文化出版业界引起了极大的争论。一位同行表示，胆敢冒文化工作者之大不韪，用流程来管理创意工作，岂不是要把文化工作者当成文化工人？

　　我勇敢地承认，文化工作是对产业类型的描述，但就内容生产而言，文化工作者、文字工作者，也是生产者，我自己也是一个文字工人，把管理的理念与方法用到内容的生产上，绝对是可行的。媒体工作一样可以把工作流程标准化、优化，一样可以用 **PDCA**（指计划、执行、检查、处理）来追踪管理。

90

创意形成与
创意执行

在写了上一篇文章之后，我的许多同事质疑，在严格的管理之后，许多创意跟着被抹杀了。这样的说法，完全是把创意形成与创意执行混为一谈，因而我才又写了这篇文章，厘清创意形成与创意执行的差异。

我一辈子从事媒体工作，一辈子写文章、写报道，但是我从来不敢说自己是创作者，顶多是个文字工人。我一辈子依靠创意过活，但我也从来不敢说自己是创意人，原因很简单，无论是作家还是创意人，都是需要才华的工作，岂是我这种凡夫俗子所能为的。

我虽然不是创意人，但工作却是一辈子都要与创意人打交道，尤其是当了管理者之后，服务、伺候或者管理创意人，更是每天都要做的事。

创意人气质不凡、人间少有，要服务、伺候自不在话下，但能不能管理，却曾经让我困惑许久。理论上，创意人只能尊重、只能呵护、只能给予更多的空间，他们的工作是用质量计量的，而不是数量，这当然不可以管理，如果用管理生产线的方法，讲究流程、讲究规律、限期完成，绝对是"谋杀"创意人与创意工作。

问题是杂志要限期出刊，文化产业也是企业，也要讲究效率，如果创意人不能被管理，连准时出刊都不可能，公司如何正常运营？

直到有一天，我把创意工作彻底分解、展开之后，一切就豁然开朗了。任何创意工作，都可分解为创意形成与创意执行。创意形成是脑中的事，是伟大的工作，是神龙见首不见尾、不可捉摸的。但是创意执行却是凡人的事，是带点"垃圾"性质的工作，要通过严密的管控与落实才能完成。

创意萌发与形成不能管理，只能培养，只能用良好的环境去哺育、去激发。但是创意执行却和一般生产过程没有两样，要严密管控、讲究效率、限期完成、降低成本。

以做广告为例。一个好的广告创意不可捉摸，但执行好的广告创意却并不复杂，如何拍片、如何设计，都只不过是精准有效的执行而已。

再以编杂志为例。一位天才的总编辑，创意才气纵横，创意的萌发与形成不可管理，但所有配套的后勤工作，全部都是系统化的执行而已。

因此就算是对创意人，不能管理的也只是脑中的创意，但后续的执行却要依赖工作纪律与系统化的管理，方能高效率地完成。

以人来分，创意团队中只有极少数的一两个核心创意人不可管理，其他人也都要系统化的管理。以事来分，创意工作只有在最原始的萌发与形成阶段不可管理，其余绝大多数的执行工作，也都需要系统化的管理，才能确保创意能以高质量完成，执行甚至会决定创意的成效。

从此以后，我知道如何伺候创意人了，他们不是不可管理，而是更需要管理，只是管理的方式与重点不同而已！

从此以后，面对创意人要求有不被管理的自由空间，我会自问：我遇到了毕加索，还是张大千？如果是，给他们完全自由的空间吧！但就算是遇到了毕加索，他的自由空间也要放在正常的组织以外，不能影响组织内系统化的管控流程与精准的执行。

从此以后，我把创意的萌发与形成归为神仙的事，而把创意的执行归为凡人的事，没有人可以假借创意之名，拒绝对创意执行进行系统化的管理！

后记

在这篇文章厘清了创意形成与创意执行的差异之后，我就很少面临创意与管理的争辩了，有些单位的主管甚至把这两篇文章作为内部的参考资料。对整个文化创意产业而言，运用传统的自由、浪漫经营之法的人固然很多，但在我的公司里，却从此不再有这种要求。

91

勉强别人，理所当然

顺势而为，水到渠成，是大多数员工期待的情形，但这么容易的事很少见。很多时候，我们要强力作为，不断勉强自己、勉强别人，最后才可能获得一点成果。勉强，是人生必学的一课。

一位部门主管向我抱怨：何先生，你不知道这件事多难执行，所有的部门都持观望态度，因为会影响他们现有的工作。我无权命令他们，也不想勉强他们，公司可否暂停或终止这项计划？

他的抱怨早在我意料之中，因为他负责的这项工作确实困难，许多单位需要因此改变现有的工作流程，再加上原有工作已很麻烦，所有的人都期待能放弃这项工作。但基于许多原因，公司不能放弃。

我告诉这位主管：你是无权命令他们，但你推行的是公司的政策，理论上他们不乐意配合，可也不至于严词拒绝。你要用各种方法，勉强他们一起配合，可是如果你不想"勉强"别人，那这件事肯定办不成！

"勉强别人做事"，这是我这辈子花了最多时间去学习的事。年轻的时候，我最讨厌别人逼迫我做什么事，总觉得所有的事都应该自动、自发才完美。因此长大后开始工作，我也"己所不欲，勿施于人"，讨厌去勉强别人，尽可能不去勉强别人，也因而在很长一段时间内面临着一事无成、什么事也做不了、让别人觉得我一点能力也没有的尴尬状况！

　　我慢慢发觉，几乎没有一件事是别人乐意去帮你的，每一个人都是在他人不断地催促、说服、沟通、哀求之下，完成某一件事的。

　　例如，老师勉强学生读书，父母勉强儿女用功，小孩勉强爸妈给零用钱，主管勉强下属完成工作，业务员勉强客户下单，政府勉强人民缴税……

　　我惊觉，这是一个无处不勉强的世界，我更惊觉，人生的真相就是"勉强别人"，而成功的人，就是很会"勉强别人"的人，能力则是用勉强别人来衡量的，不会勉强别人的人，就是没有能力的人。

　　勉强以各种不同的形式存在。最粗鲁而直接的勉强叫命令；文雅、含蓄的勉强叫沟通；用道理去勉强叫说服；诡诈的勉强叫欺骗；用好处去勉强叫引诱；炫示性的勉强叫广告；不断的勉强叫锲而不舍。勉强是把一切事做成的原动力，任何工作、任何任务，都需要不断地勉强自己、勉强别人，才能够完成！

　　勉强自己的难度，尤胜于勉强别人。就像年轻时的我一般，我视勉强别人为罪恶，因此认为不勉强别人有理，勉强自己就更违背原则，为何不让自己快乐点，何须自我勉强？

　　后来我终于认清真相，勉强原来是不可或缺的。学生因勉强而成长，营业人员因勉强而成就业绩，员工因勉强而绩效非凡，主管因勉强而完成艰巨的任务，老板因勉强所有的人而获利赚钱。

　　勉强伴随着困难而来，因为困难，故需勉强。不愿勉强别人，其实是无能力勉强的托词。学会勉强别人，是员工认清事实、学习成长的开始。

后记

　　这篇文章流传极广，尤其是在许多业务单位，主管复印了这篇文章，要求所有的业务员努力出门推销，"勉强"客户购买产品，可谓推销无罪，勉强有理。

　　这虽然让我始料未及，但这也并不有悖人生无处不勉强的本质，只要我们努力去追逐，勉强自己、勉强别人都是对的！

92

家庭的劫难：
　　成功致富害儿女

　　辛苦赚钱、庇荫子孙，这是凡人眼中的常情常理，但不见得都能如愿。常言道："富不过三代。"就是在指富豪可能会面临败家的灾难。

　　只不过在数字时代，反作用可能来得更快，不需要等到三代，有钱的富豪现在就在亲手加害自己的儿女……

　　中国式管理大师曾仕强教授是位充满智慧又非常风趣的人，在一次午后的请教闲聊中，他脱口而出："中国这么多快速致富的人，成功赚钱之后，做的最重要的一件事，就是加害自己的小孩，让他们吃好、穿好、住好，都变成'阿舍'（闽南语，指有钱但无所事事、养尊处优之人）。"曾教授还学这些"阿舍"踱方步，看得我捧腹大笑，但之后我的心情也变得复杂起来。

　　我不算成功，更谈不上致富，但在仅有的能力之余，加害自己的小孩的情形，倒是未能免俗。吃好、穿好虽然没有太关注，但尽可能给他们提供最好的教育机会，协助他们进行生涯规划，是我做得到的。但我关心太多、介入太深，是不是限制了他们自我能力的开发，形成另一种形式的加害呢？倒值得我想一想。

　　想完自己之后，许多场景不由自主地浮现在我脑海中。一次，我去参观一家上市公司的企业总部，第一站他们带我来到办公室的地下车库，那里停满了几十辆各式各样的豪华轿车，大多是他们董事长的收藏，其中不乏数百万人民币一台的车子。表面上我不能不说两句惊叹的话，否则太煞风景，但内心对人们成功致富之后的作为，有了更好的认识。

这是成功致富的第一步就是豪宅豪车，自我犒赏。其实这还无可厚非，富贵不还乡，如衣锦夜行；致富不享用，要致富何用？

成功致富的第二步就是害小孩，用优渥的物质条件把他们宠坏，让他们成为全社会的笑柄，媒体中充斥着这样的报道。曾教授一语道破有钱人的心腹大患，颇令我折服。

成功致富害自己小孩的案例从不少见。一个富豪的第三代，以玩车闻名，宛如前述上市公司的翻版，在他豪宅的地下室里停放着好几辆上千万元的豪车，但他在工作及经营事业上，却一事无成。

一位知名企业家，在领教了这位第三代"阿舍"的炫耀之后，私下说了一句话："早知道他们家这样宠小孩，我绝不会投资他们的公司！"

除了给钱让他乱花，另一个害小孩的方式，是给他舞台、给他权力，强行让他接班。每一个创业者都知道人才难寻，不是每一个人都能成为杰出的经营者，偏偏成功创业致富之后，大多数富豪都期待子女能接班，结果不是揠苗助长，就是爱之适足以害之，赔上子女，也赔上事业。

在有钱人家，大多数小孩都是父母成功致富之后最大的受害者，而不是受益人。

小孩何辜？他们往往是快乐、不自觉地接受一切，等到他们变成社会的笑柄，成为毫无谋生能力的人，成为牢笼里的囚犯，一切都来不及了。

真正要检讨的是一辈子努力追逐成功致富的父母，仔细想想你成功致富的目的吧！千万不要成为下一个害自己小孩的悲剧主角！

后记

1. 每个人都期待有个好父母，自己可以少奋斗 20 年。这篇文章不是在散布吃不到葡萄就说葡萄酸的风凉话，而是源于我确实看到了许多悲剧，已有不少富二代身陷囹圄，或者败光家产。所以说，财富只有是自己赚的心里才安稳，不必羡慕别人有好父母。

2. 一位好友白手起家成巨富，想尽办法终于生下一个宝贝女儿。有一次闲聊，他感叹："当年我们谈恋爱多么单纯，没有其他复杂的心思，可是我很担心我女儿，未来她的男朋友会不会因为财产才与我女儿交往？"

听后，我大笑不止。钱财可以做许多事，可是钱财也会带来许多不必要的困扰，旨哉斯言。

3. 有许多富豪已开始把大部分钱财捐出做公益，这应是人类成熟进步的一个现象！

93

自己的劫难：
为什么要管我？

人不轻狂枉少年，但不论如何恣情纵意、放浪形骸，都不能逾越安全的底线，也不可不明事理、不察人情。

这一则故事，一直是我告诫下一代、告诫年轻人的经典。人有许多劫难来自于自己，人最需要战胜的也是自己。

我第一次到日本京都，是带着办公室的小朋友们去集体旅游。那是连续多年辛苦经营之后，公司第一次扭亏为盈，所有的人都非常享受这一次难得的轻松机会，尤其是年轻的小女孩们，更是玩疯了。

到京都的第一天晚上，我就发觉有三位年轻的女编辑很晚了仍然没回旅馆，我无法放心，手机也拨不通，我只好坐在旅馆的大厅里等待，一直等到凌晨一点，她们终于回来了，我忍不住说了她们两句，没想到最年轻的一位小女生竟然回我一句话：连我爸爸都没这样管我，何先生你为什么要管这么多？

我一时心急，说不出话来，目送着她们回房间，但心中仍然琢磨着我为什么要管她们的问题。

其实我很快就得到答案了：如果她是我女儿，我也可以选择不管，若她出了什么事，不会有人来找我算账，我可以为她所有的事负完全责任。问题是，她不是我女儿，我无法为她所有的事负责任，但我要替她父亲负责任，在她和我一起去集体旅游期间，如果出了什么事，她父亲不会放过我，我也负不起她有任何差池的责任，因此我才要管她，希望能防患于未然！管她才是负责任，如果我放任不管，那就是不负责任。

事后，我找机会向所有的员工表达了我的立场。在办公室中，所有同事的父母亲把他们的子女交到我手中，让他们的子女跟我一起工作，我要为他们的一切负责任，尤其是出国期间，安全是最基本的保障，请所有的同事谅解我的多事。

"受人之托，忠人之事"，这是做人最基本的道理。职场中的老板、主管都是红尘俗世中的修行者，他们设置了一个场所，吸引了一群人在一起工作，而老板、主管就承担起了"度化"员工的责任，而这样的责任会以各种形式存在，从有形到无形，从极大到极小，从日常琐事到生涯规划。

给一份工作、发一份薪水，是最基本的责任；教导、指引、规过劝善，是长期改变员工的责任；创造好的环境、给予优厚的福利，是英明老板超额付出的责任。只不过，这些责任被简化为利益交换关系，员工提供时间、劳力、能力，而公司、老板付出金钱，彼此银货两讫，互不相欠。

为什么员工会质疑：连我爸爸都不管我，为什么公司要管、老板要管、主管要管？原因就在于他们都不成熟、都不专业、都任性，用自己随性的想法恣意妄为。

员工可以年轻、可以不知轻重，但主管不行、老板不行，因为你要对员工的无知负责任，你要对组织的成败负责任，你要对所有的灾难、意外负责任，不管这个灾难是谁造成的，公司、老板都脱不了干系。不论你当上主管、当上老板的原因是什么，你都只能千斤重担一肩挑。

后记

1. 我父母有 8 个小孩，这也成为我常常违反母意恣意妄为的借口："妈，反正你有那么多小孩，少我一个也没关系！"只不过我是个胆小之人，无论如何轻狂、如何任性，总在安全的底线之内。

2. 小女 15 岁出国念书，从此一个人独闯异国，临行前我只交待她一件事：绝对不可以吸毒，因为此事伤身且无益。至于其他诸事，我要她自己想清楚，只要她愿意，我都会尊重。我告诉她，从今往后，她要为自己的一切负完全责任，父母远在天边，一切鞭长莫及，请她自重。

小女不负我望，安稳成人，她第一个学会的技能就是自我负责、自我管理。

3. 每一个人都有应负之责，不能因对方不满、抗拒，就放弃其责。作为老板、主管，对此应三思。

94

有用就拿去吧！

　　每个人身边都有许多边际资源，这些资源有的因数量太少，无法有大用，也有的一时用不着。每个人对这些资源的态度都不一样，我的态度是："有用就拿去吧！"我乐意与人分享，而不作价售卖，因此结交了许多善缘。

　　家父曾经是个成功的商人。我小时候，虽然家道已经中落，但家中尚有许多珍稀物品，足以见证当年家父的风光。

　　各种纸钞、硬币、龙银，塞满整个抽屉。各类银行各种面额的纸钞，从百元到百万元，让我从小就见识了什么叫通货膨胀。数不清的硬币、龙银，更是我小时候的玩具，我从不知道这些东西有多珍贵。

　　一件令我印象深刻的东西是一块拳头大小的犀牛角，妈妈说这是真的犀牛角，是生病时退烧用的。还有一个极坚硬的专用陶钵，使用时，在陶钵中加点开水，用犀牛角沾水研磨，直到把清水磨成乳白色的犀牛角汁液，再给病人口服，退烧有奇效。

　　这些珍稀物品，等到我长大就不知所终了。原来妈妈好客又爱表现，亲友来，难免要让他们见识一下，许多人不免爱不释手，这时妈妈总是说："喜欢就拿去吧！"有些人客气推辞，但更多人顺水推舟就拿了，再多的物品，也会送完，所以这些东西，现在仅存在于我的记忆中。

　　而那块犀牛角，由于是救人的药品，很少停留在家中，都在村中的邻居间相互传送，谁家有病人，就借去，从东家传到西家，到我长大，只剩下不能再用的肥皂大小。

有时我们会埋怨妈妈："怎么能把好东西就这么送人了？"妈妈说："这些我们也用不着，人家喜欢就给他们吧！"还不免要教训我们一顿：做人有量才有福，不要太小心眼、太计较。

"有量才有福"，我永远记住了这句话，而"喜欢就拿去吧"，则被我改成"有用就拿去吧"，也成了我的口头禅。

我身边少有珍稀物品，却不乏用不到的零星资源，有些是因为量少用不着；有些则可能是我工作的副产品，不好明确作价；有些则是非核心资源，用到的机会不大。其中最多的资源是我的经验、方法及我个人的力量。常常有人要我帮个忙，这时，我总是说："有用就拿去吧！""朋友从今天开始交起"，所以我来者不拒，经常倾力协助。只要于别人有益，"力恶其不出于身也，不必为己"，物恶其荒弃无用，转送交友，广结善缘，不需要锱铢必较、现金交易。

我无力当门下食客数千的孟尝君，但我心胸开阔。钱，生不带来，死不带去，所有的资源、财货，拥有无益，唯使用者得益，若资源于我无明确用途，又何须计较是否拥有。

我只是无目的地结善缘，并不期待对等回报。不过有时候我也会遇到需要别人帮忙的情况，这时就可以看出对方的态度，如果对方也大方相待，那感觉极好，我知这是可真心相待之友。但偶尔也会有人斤斤计较，那我也可知这是小气之人，以后相见不如怀念，远离可也！

在给予（give）和索取（take）之间，我看得很开。不断地用边际资源（或力量）与别人交往，广结善缘，自然得道者多助，更有助于我看清周围交往者的胸襟和态度。而我也乐于保持别人欠我人情的状况，毕竟照我妈妈的说法，有度量者就是有福之人。

后记

1. 也许有人会说："何先生，你已经有足够的财产，所以不计较这些边际资源，而我们现在拥有的东西很少，根本无力与他人分享。"我很清楚这种处境，但我还是要说：当我年轻时、当我一无所有时，我也是这样做的，因为我需要别人的帮助，所以我也乐于给别人一点协助、一点温暖。如果一点付出能多结善缘，谁知道未来会得到什么回报呢？所以分享的行为，与你拥有多少无关，而与你的态度、胸襟有关。

2. 可以计算的利害关系，是交易、是因果，我们付出了一些，期待相应的回报，这是常见的事。而不能计算的利害关系，就是缘，我们无意中做了一些事，给了别人一点协助，可能只是一念之仁，只是同理心之下去如此行事，并无任何期待，但说不定在未来某一个关键时刻，别人会给予你援手，这就是不能计算的利害关系，就是缘。而结缘往往来自张开双手、开放胸怀、愿意与别人分享的态度。

3. 我已经有太多次得到自己意想不到的帮助，只因为我曾经结过善缘，别人愿意相信我、愿意配合我。

95

聪明糊涂心

曾经沧海，过尽千帆，人生中有许多无法重来的体验。追逐一生，回到原点，一切都在灯火阑珊处。保持聪明糊涂心，是我历经万千钩心斗角之后的内心告白。

人与人之间，随时都在互换聪明与糊涂的角色，从而形成了四种不同的状况：

第一，聪明人遇到糊涂人：聪明人会占尽上风，得到各种不同的好处，聪明人自己也满心欢喜，为自己所获得的丰硕成果而志得意满，甚至还要取笑对手的糊涂。

第二，糊涂人遇到聪明人：糊涂人会掉进聪明人的陷阱，吃亏上当，但事后糊涂人也会恍然大悟，为自己的痴愚后悔不已，从此以后把这个愚弄自己的聪明人列为拒绝往来对象。

第三，糊涂人遇到糊涂人：因为双方都不精明，也较少计较，大家相处得非常和谐。

第四，聪明人遇到聪明人：双方棋逢对手，都使出浑身解数，互相算计，针锋相对，尔虞我诈，但往往谁也讨不到便宜，都白费了一番心机。

这四种状况，我都遇到过，对每一种状况我都体会深刻。

第一种状况，演聪明人的我，会得到一次便宜、得到一次好生意，但会永远失去一个朋友、客户，也会断绝了双方的关系。

第二种状况，演糊涂人的我，会有一些损失，但我会看透一个人，也会学得更聪明，然后拒绝再与对方往来。这两种状况，都是弱肉强食，以关系破裂结束。

第三种状况，是最美好的情境，大家礼尚往来。有时候我多付出，对方心领神会；有时候对方给予回报，我也感激在心。双方有来有往，都变成了知书达礼的君子，这是我最期待的关系。

第四种状况，是最紧张、最耗心力，也是最无益、最无趣的情境。因为双方都得不到好处，但都互相看清了对方的丑陋嘴脸，两人都变成了粗鄙的小人，这也是我最痛恨的关系。

我期待礼尚往来的和谐关系，这种关系需要两个糊涂人来维系。如果我先发觉对方是糊涂人，我会表现得更糊涂，以回报对方；如果我不知道对方的态度，我则会表现出适当的糊涂，传达友善的信息，舒缓对方的紧张，看看会不会得到美好的回应。

因为我不喜欢徒劳无功的紧张关系，因此绝不会率先启动过度精明的算计，免得激发对方也露出丑陋的心思。只有在对方心思复杂、步步紧逼时，我才会不得不启动精明的防御。

我也不喜欢关系破裂，所以我也避免成为过度聪明的人及过度糊涂的人。虽然人与人相处，难免有得有失，但得失之间，只要不太过分，不要变成全赢或全输，那么有人些微得利，有人些微获损，这都是人与人相处中的常态结果，双方也不会从此拒绝往来、势如水火。

这种有输有赢又不断绝关系的状况，需要双方都知晓在聪明中有糊涂，在算计中有退让，不把力使尽，不把利占绝，需要双方都有一颗聪明糊涂心。

50 岁之前，我追逐聪明；50 岁之后，我尝试学习糊涂。为了确保拥有一颗聪明糊涂心，我写下了聪明糊涂心的歌谣：

> 我聪明，你糊涂，得了便宜还卖乖。
> 我糊涂，你聪明，受骗上当不往来。
> 我糊涂，你糊涂，和谐相处不计较。
> 我聪明，你聪明，看看谁是真聪明。
> 人人都是聪明人，只有笨蛋耍聪明。
> 聪明糊涂藏心中，人生快乐走一回！

后记

　　当人生机关算尽时，我开始讨厌自己。讨厌没有人情味的自己，讨厌匆忙的自己，讨厌为物所役的自己。还是回到开始，参悟那一段话，做一个自己不讨厌的人吧！

　　聪明糊涂心，或许是一个好的选择。

96

多余的一句话

沟通是一门大学问，会说话的人往往能够左右逢源。每个人都知道要说好听的话，但有时候偏偏会在不知不觉间说了一句多余的话，就这一句多余的话，可以把所有的好话都变成多余。

儿子告诉父亲："这个月的考试，我进步到全班第二名啦！"父亲回答："很棒，很棒！那为什么不是第一名呢？"

女儿告诉妈妈："学校的作文比赛，我得了优胜。"妈妈回答："虽然很好，不过学校内的小比赛，不值得高兴。"

办公室中，几个同事聊天，一位女同事兴奋地邀请大家参加她的婚礼，她的未婚夫是影视剧名人，大家都恭喜她。其中一个人说话了："你实在太幸福了，未婚夫多才多艺又多金，不过他不是常有绯闻吗？你要小心了！"

这三个场景的共同之处，就是都有一句煞风景的、多余的话，让原本美好、和谐的气氛急转直下，使在场的人觉得不舒服。

因为警惕这种"多余的一句话"，我在陌生场合一般都惜字如金，生怕自己说出了"多余的一句话"，也怕承受别人"多余的一句话"。

我深知"多余的一句话"的杀伤力，但仍不免深陷其中。

在年终总结会中，这个部门明明今年表现杰出，我当然也给予了肯定，不过，在说完勉励的话后，我忍不住又说了这个部门的一些小缺点，希望他们改进。事后，我得到同事们的反馈：不管我们做得有多好，都得不到社长的认同。

　　我也常常承受"多余的一句话"。许多人来请教我的意见，我一向知无不言，言无不尽，事后，请教者通常会谢谢我的建议，但也偶尔有人会在最后补一句话："您的这些建议，事实上我们已经在做了！"似乎我的意见，完全没能超出他们的想象。

　　还有的人说得更直白："何先生，你这样说，是因为你对实际情况不够了解。"

　　当我遇到这种状况，我会礼貌地移开话题，闭门送客。我不需要继续证明我的无知，也无须和对方争辩。

　　我知道，"多余的一句话"虽然不会造成直接的伤害，但是潜在的杀伤力非常大，我需要小心谨慎地避免说出"多余的一句话"。

　　"多余的一句话"有几种错误的表现。

　　第一种错误的表现是"语境"逆转。每一种场合都有"语境"：欢乐的场合，就要说温馨的话；检讨的场合，就要说严肃的话；肯定的场合，就要说认同的话。儿子、女儿有好的表现，期待被肯定，若被泼了冷水，当然会不舒服。要结婚的人，期待被祝福，却有人哪壶不开提哪壶，当然感觉很不好。

　　第二种错误的表现是爱面子。别人给意见当然是好意，除了谢谢，不必多说，更不需要证明自己并不笨。在这种场合否定对方的意见，等于拒绝对方的好意，除了证明自己不能虚心受教，更会阻断别人的建议与提醒。

　　第三种错误的表现是为了证明自己的聪明，而去纠正别人无关紧要的错误。在别人夸夸其谈时，听听就好，不必忍不住插嘴打断。

　　祸从口出，"多余的一句话"，虽然未必让你立即惹祸上身，但是难免会得罪人，所以许多话还是免了吧！

后记

　　1. 对"多余的一句话"，最委婉的评价是"不识相"，再重一些是不怀好意，再严重些是心术不正。

　　2. "多余的一句话"虽然通常是真话，但杀伤力极强。

　　3. 如果忍不住非要说"多余的一句话"，最好的方法是闭门谢客。我已闭门很多年，非万不得已不出门。